Makupi Daniel
Kefa Rabah
Simon Karume

Reduzir os acidentes rodoviários utilizando um modelo baseado na Web

Reduzir os acidentes rodoviários utilizando um modelo baseado na Web

Makupi Daniel
Kefa Rabah
Simon Karume

Reduzir os acidentes rodoviários utilizando um modelo baseado na Web

ScienciaScripts

Imprint

Any brand names and product names mentioned in this book are subject to trademark, brand or patent protection and are trademarks or registered trademarks of their respective holders. The use of brand names, product names, common names, trade names, product descriptions etc. even without a particular marking in this work is in no way to be construed to mean that such names may be regarded as unrestricted in respect of trademark and brand protection legislation and could thus be used by anyone.

Cover image: www.ingimage.com

This book is a translation from the original published under ISBN 978-3-330-35202-5.

Publisher:
Sciencia Scripts
is a trademark of
Dodo Books Indian Ocean Ltd. and OmniScriptum S.R.L publishing group

120 High Road, East Finchley, London, N2 9ED, United Kingdom
Str. Armeneasca 28/1, office 1, Chisinau MD-2012, Republic of Moldova, Europe
Printed at: see last page
ISBN: 978-620-7-65861-9

AGRADECIMENTOS

Louvo a Deus pelo dom da vida, da família, dos amigos e da provisão, sem os quais não teria chegado até aqui nos meus percursos académicos. De facto, a própria capacidade de ler e compreender é um dom que só Tu, Deus, dás. Toda a honra, louvor e glória para ti.

Kefa Rabah e ao Prof. Simon Maina Karume pela sua orientação e paciência ao longo dos meus estudos. Os vossos sábios conselhos e contributos durante a minha investigação tornaram isto possível.

DEDICAÇÃO

Para

O meu pai, Sr. David Chemadi

A minha mãe, a Sra. Nelly Kiplagat

RESUMO

Os acidentes rodoviários têm sido uma das principais causas de morte no Quénia. Os esforços da polícia do Quénia para fazer cumprir as leis de trânsito pouco têm feito para salvar a situação. Embora tenha havido outras soluções para travar os acidentes rodoviários, tais como a melhoria da conceção dos veículos e a concessão de licenças para a sua condução, a situação exige mais soluções, em especial no que se refere ao comportamento dos condutores, uma vez que a condução descuidada foi identificada como uma das principais causas dos acidentes rodoviários. A investigação fornece uma solução através da conceção e implementação de um modelo que monitoriza os crimes de trânsito cometidos pelos condutores nas estradas quenianas, calculando cumulativamente o Índice de Segurança Rodoviária do Condutor (DRSI), que serve de indicador para identificar condutores descuidados e, por conseguinte, retirá-los da estrada, retirando-lhes a carta de condução. O modelo é implementado através de um protótipo baseado na Web. O estudo adoptou abordagens de investigação científica e de conceção. A abordagem científica foi utilizada para recolher dados relevantes através de grupos de discussão, necessários para a elaboração de pesos relevantes para diferentes crimes, e a abordagem de projeto de engenharia foi utilizada para implementar o modelo.

Palavras-chave: Modelo, Aplicação baseada na Web, Estradas

Índice

ABREVIATURAS

WBRM	Web Based Road Carnage Management
DRSI	Driver Road Safety Index
FAA	Federal Aviation Administration
RMA	Reliability Maintainability and Availability
MVC	Model View Controller pattern
SOA	Service Oriented Architecture
API	Application Programming Interface
WSN	Wireless Sensor Networks
RTA	Road Traffic Accidents
MLD	Magnetic Loop Detector
ECU	Electronic Control Units
ITS	Intelligent Transport System
RFID	Radio Frequency Identification
DSRC	Dedicated Short Range Communication
SAE	Society of Automotive Engineers
V2V	Vehicle to vehicle
MANET's	Mobile Adhoc networks

DEFINIÇÃO OPERACIONAL DOS TERMOS

Modelo baseado na WebÉ um pacote de software que está acessível através do navegador Web, na medida em que o software e a base de dados residem num servidor central em vez de serem instalados no sistema de secretária e são acedidos através de uma rede (James D. e Danny c., 1999).

ModeloÉ um programa que é executado num computador que cria um modelo, ou simulação, de uma caraterística, fenómeno ou acontecimento do mundo real (David W., 2011).

EstradaÉ uma via, rota ou caminho em terra entre dois locais que foram pavimentados ou melhorados de outra forma para permitir a deslocação a pé ou por qualquer forma de transporte, incluindo um cavalo, uma carroça, uma bicicleta ou um veículo motorizado (O'Flaherty, 2002).

CAPÍTULO 1

INTRODUÇÃO

Esta parte esclarece o contexto dos conceitos e problemas a abordar, como as causas dos acidentes rodoviários, a taxa de acidentes rodoviários no Quénia e a nível internacional e as questões relacionadas com a carnificina rodoviária. Além disso, apresenta a declaração do problema de investigação, delineando os objectivos da investigação, enumera as questões de investigação e define o âmbito, os pressupostos, a importância e os resultados esperados do estudo.

1.1 Antecedentes do estudo

A colisão de automóveis na estrada, também designada por acidente de viação ou acidente de viação, ocorre quando um veículo embate noutro veículo, numa pessoa a pé, numa criatura, no lixo da rua ou noutro obstáculo fixo, por exemplo, uma árvore ou um poste de serviço público e perde a via. Os acidentes de viação provocam, em geral, mortes e deficiências e, além disso, despesas relacionadas com dinheiro, tanto para a sociedade como para as pessoas envolvidas.

De acordo com o relatório da OMS, as feridas provocaram 1,4 milhões de acidentes em 2013, contra 1,1 milhões em 1990. Cerca de 68.000 destes acidentes ocorreram em jovens com menos de cinco anos de idade. Todas as nações com altos salários têm taxas de aprovação decrescentes, enquanto a parte dominante das nações com baixos salários tem taxas de mortalidade em expansão devido a acidentes de carro. Os países com salários mais altos têm a taxa mais elevada, com 20 acidentes por cada 100.000 ocupantes, 80% de todas as mortes na rua em apenas 52% de todos os veículos. Enquanto a taxa de mortalidade em África é a mais surpreendente (24,1 por cada 100.000 ocupantes), a taxa mais baixa encontra-se na Europa (10,3).

No Quénia, os acidentes rodoviários são a principal fonte de morte, a seguir à febre da selva e ao VIH/SIDA, tal como indicado por (Odero, Khayesi e Heda 2003) e referido em (Thomas N. Kibua e P.O. Chitere, 2004), afectando também, regra geral, a população monetariamente rentável do Quénia. É certo que é necessário adotar medidas sancionatórias que visem reduzir a mortalidade, a desolação, a incapacidade e o aumento do custo dos serviços humanos resultantes de acidentes de rua evitáveis.

Os parceiros de transporte em tempo adicional acusam o estado degradado das ruas quenianas como a principal fonte de acidentes. Apesar da mudança tardia de fundação no Quénia, em qualquer caso, os acidentes rodoviários mortais continuam a ser contabilizados. Isto deve-se a uma mesquinhez habitual entre os administradores dos veículos de serviço público (PSV) e a divisão de trânsito da polícia do Quénia, com os primeiros a culparem o mau estado das ruas quenianas pelos acidentes, enquanto a última aponta o dedo aos administradores dos PSV, em particular aos condutores, por desrespeitarem os controlos estabelecidos. Os condutores de PSV têm sido repreendidos por condução irreflectida, inépcia, excesso de velocidade, condução com colisões e uma série de indecências diferentes que os tornam propensos a provocar contratempos dos quais poderiam ter sido mantidos a uma distância estratégica (Benson N, 2012).

A Polícia de Trânsito, por seu turno, embora acusada de autorizar a Lei de Trânsito, foi, em várias ocasiões, apanhada pelas câmaras a ser influenciada e foi destacada em diferentes relatórios de listas de corrupção como sendo condutora de maus hábitos. Verdade seja dita, embora a polícia queniana tenha sido considerada a instituição mais degenerada do Quénia pelo East African Bribery Index Report (EABI), é o braço de trânsito desta associação que encabeça a lista, como indica o relatório de 2011 da Transparency International-Kenya.

De acordo com a Direção das Estradas do Quénia, existem 160 886 km de ruas abertas, dos quais 11 197 km ≈ 7% estão alcatroados. Isto implica, portanto, que a grande maioria das ruas pode não ser facilmente transitável. Em todo o caso, a maior parte dos acidentes de viação registados ocorre nas grandes áreas, sendo as três vias rápidas mais importantes, as ruas Nairobi-Thika, Nairobi-Mombasa e Nairobi-Nakuru- Eldoret, as que registam a maioria dos acidentes. A estrada de Thika (50,4 km) e a estrada de Mombaça (470 km) são uma parte das ruas mais movimentadas do Quénia, como indica o relatório de 2012 do Kenya Roads Board; não obstante, tem havido um arranjo de desenvolvimento completo de acordo com a visão 2030. Existem cerca de 80 pontos negros registados, a maior parte dos quais ao longo destas três estradas, de acordo com o relatório da polícia do Quénia.

Independentemente da instituição e implementação, em 2003, de medidas mais rigorosas de controlo do tráfego pelo então pastor dos transportes, o falecido Hon. John Michuki, que se centrava principalmente nos PSV. O limite de passageiros para os matatu foi reduzido para 13; a velocidade foi fixada em 80 km/h e foram apresentados reguladores de velocidade, foram exigidas cintas de segurança para todos os passageiros e foi feito o rastreio dos condutores e condutores, que passaram a ter de cumprir regras mais rigorosas, tal como indicado na Lei do Quénia de 2003. O número de acidentes continua a aumentar, de acordo com o relatório da OMS.

Não obstante as medidas de bem-estar, outros esforços incorporam estruturas de espetáculo para viajantes que existem, mas que não são apropriadas para utilização na parte do transporte ocasional devido ao seu elevado custo e qualidade multifacetada. São regularmente do tipo de empresa que requer um interesse concentrado em equipamento e programação. Os palcos em que são produzidos reúnem quadros que necessitam de uma preparação notável para a sua utilização convincente. Estes elementos dificultam a sua receção pelo transporte livre e, por conseguinte, a sua utilização para apoiar a administração da sangria de rua.

Desta forma, o perigo de abate nas ruas ainda não foi considerado ou o limite de inclusão nos acidentes de rua. Consequentemente, este estudo propõe uma resposta para as violações de movimentos de ecrã apresentadas pelos condutores nas ruas do Quénia através do registo total de DRSI. A estrutura utiliza uma abordagem de servidor do cliente em que um evento ou queixa é detectado através do registo numa base de dados. Nessa altura, um agente da autoridade inicia a sessão, confirma a DRSI e executa a atividade necessária. O quadro proposto estará disponível na Internet e, ao longo destas linhas, ligará a área onde o episódio ocorreu.

1.2 Declaração do problema de investigação

A falta de um modelo para reduzir os crimes através do cálculo do índice de segurança rodoviária dos condutores responsáveis por acidentes rodoviários tem-se revelado difícil de reduzir a perda de vidas. Os sistemas manuais são utilizados quando, em caso de acidente, os agentes da autoridade telefonam e registam as ocorrências em papel. O registo em vigor é, portanto, manual e carece de informações actualizadas no caso de uma pessoa cometer uma infração. Além disso, não há forma de registar e verificar o envolvimento da pessoa no crime quando ela comete outra infração num local diferente. Além disso, não existe um mecanismo, sob a forma de um modelo, que permita determinar o limiar de envolvimento em carnificinas rodoviárias e, por conseguinte, servir de determinação para incutir disciplina ao infrator.

1.3 Objetivo do estudo

O principal objetivo do estudo é desenvolver um modelo que ajude a reduzir os crimes de trânsito através do cálculo cumulativo do índice de segurança rodoviária do condutor (DRSI). Este índice identifica os condutores indignos e retira-os da estrada. A conceção do referido modelo é orientada pelos seguintes objectivos específicos

i. Identificar as principais causas da carnificina rodoviária no Quénia e os esforços que têm sido feitos para gerir a carnificina rodoviária.

ii. Conceber um modelo de monitorização cumulativa dos crimes de trânsito e calcular o índice de segurança rodoviária dos condutores.

iii. Implementar um protótipo de uma aplicação baseada na Web para gerir os acidentes rodoviários.

1.4 Questões de investigação

A investigação procura dar resposta às seguintes questões

i. Quais são as principais causas da carnificina rodoviária no Quénia e os esforços que têm sido feitos para gerir a carnificina rodoviária?

ii. Como conceber um modelo para monitorizar cumulativamente os crimes de trânsito e calcular o índice de segurança rodoviária dos condutores?

iii. Como pode ser implementado um protótipo de uma aplicação baseada na Web para gerir os acidentes rodoviários?

1.5 Importância do estudo

A utilização de um modelo baseado na Web no desenvolvimento e implementação de um modelo para calcular o índice de segurança rodoviária do condutor, a fim de determinar o limiar de envolvimento em crimes, ainda não foi efectuada. Um modelo bem sucedido que utilize ferramentas baseadas na Web constitui um acréscimo significativo ao conjunto de conhecimentos no domínio da redução dos acidentes rodoviários através da monitorização do comportamento dos condutores. Este modelo é fundamental para o desenvolvimento de aplicações de monitorização de acidentes rodoviários baseadas na Web, acessíveis e fáceis de utilizar, que têm o potencial de revolucionar a forma como muitos intervenientes, e especialmente as autoridades policiais, conduzem as suas actividades.

1.6 Resultados esperados

O resultado desta investigação é a apresentação dos seguintes resultados;

a) Um relatório sobre as principais causas da carnificina rodoviária no Quénia e os esforços envidados para gerir a carnificina rodoviária?

b) Um modelo baseado na Web para reduzir a carnificina rodoviária através do cálculo cumulativo do índice de segurança rodoviária do condutor (DRSI).

c) Um protótipo de um modelo de implementação baseado na Web para ajudar os serviços de aplicação da lei a reduzir a carnificina rodoviária.

1.7 Justificação do estudo

Os esforços envidados pelas partes interessadas e pelos parceiros pouco têm contribuído para reduzir a ameaça de acidentes rodoviários, especialmente nos países em desenvolvimento. Só no Quénia, segundo a OMS de 2015, perdem-se cerca de 2 milhões de vidas devido a acidentes rodoviários, sendo os jovens a população mais envolvida. Por conseguinte, uma nova ideia viável seria o único remédio para a situação em causa e, neste caso, para contrariar a perda de vidas e as mortes associadas à carnificina rodoviária, tal como demonstrado nesta investigação que apresenta um modelo baseado na Web para reduzir a carnificina rodoviária.

1.8 Âmbito do estudo

O estudo apresenta um modelo baseado na Web para reduzir a carnificina rodoviária através do cálculo do índice de segurança rodoviária do condutor. A investigação deste estudo não se sobrepõe às soluções já existentes para combater a carnificina rodoviária. Até à data, foram envidados muitos esforços no sector dos transportes no sentido de reduzir os acidentes rodoviários, mas a maioria das estratégias é de natureza teórica, ao contrário desta solução tecnológica baseada na Web. No entanto, o estudo não se concentrará nas preocupações de segurança do protótipo baseado na Web, uma vez alojado, mas apenas mostrará como esta solução baseada na Web pode ser uma forma de sistema para reduzir a carnificina rodoviária através do armazenamento organizado para permitir a gestão da carnificina rodoviária.

A solução é um protótipo para desenvolver e demonstrar a aplicabilidade deste conceito de um modelo baseado na Web para facilitar a redução da carnificina rodoviária e não uma aplicação comercial baseada na Web. O estudo utiliza a avaliação do sistema para definir objectivos que sirvam de forma de avaliação do modelo.

1.9 Limitações do estudo

O investigador pode não conseguir obter dados de testes que os serviços de aplicação da lei, enquanto parceiros estratégicos, tenham classificado como confidenciais. O tempo e a disponibilidade de recursos, ou seja, agentes da autoridade para discutir e responder, também podem ser considerados factores limitativos desta investigação.

1.10 Pressupostos

O Governo do Quénia, através dos organismos responsáveis pela aplicação da lei, coopera em questões relacionadas com a carnificina rodoviária que foram comunicadas. Além disso, procura reduzir a carnificina rodoviária para evitar a perda de vidas devido a acidentes.

CAPÍTULO 2

REVISÃO DA LITERATURA

2.0 Introdução

Neste capítulo, são discutidas as causas dos acidentes rodoviários, os esforços de gestão da carnificina rodoviária, as tecnologias de processo de modelação utilizadas pelos modelos baseados na Web e, por último, as teorias que fundamentam o estudo. O quadro concetual e o modelo proposto para o estudo também serão apresentados e discutidos.

2.1 Causas de acidentes rodoviários

A estrada é o meio de transporte mais utilizado no Quénia. Os transportes rodoviários dividem-se em dois, fundamentalmente veículos privados e abertos. Tem-se confrontado com um número considerável de dificuldades que incluem: perda de vidas devido a condução imprudente, gastos excessivos e fixação por autorização legal. De acordo com a OMS, cerca de 3 000 a 13 000 quenianos perdem a vida em acidentes de viação de forma constante. A maior parte destas vítimas são clientes de rua impotentes, pessoas a pé, motociclistas e ciclistas. Não obstante, quase 33% dos acidentes ocorrem entre viajantes, muitos dos quais são abatidos em tipos perigosos de transporte aberto.

Os actos ilícitos cometidos no âmbito da criminalidade rodoviária são os seguintes: assassínio, captura, acidentes e utilização de veículos para transportar. A maioria dos condutores que se inscrevem no registo de condução e que possuem uma licença de condução garantida são os responsáveis pela sua execução. A maioria dos casos que aparecem em livros de eventos de autorização legal não tem rastreabilidade devido à ausência de um método preciso para relatar o massacre de rua. Trata-se de uma verdadeira culpa por acidentes evitáveis e um número razoável deles não tem qualquer proteção (Patton, M. Q., 1990).

No entanto, tem havido especulação sobre métodos para diminuir as dificuldades de sangria rodoviária tentada, como o controlo de pontos de passagem sinalizados, onde os sensores estão atualmente a fornecer informações contínuas para o controlo versátil de bandeiras de atividade e para aliviar o entupimento repetitivo e não recorrente nas interestaduais. Os numerosos avanços sustentados pelo desenvolvimento de microchips e diferentes segmentos de hardware na inovação da estrutura de controlo de actividades ao longo da década anterior foram estabelecidos. Da mesma forma, a relativa simplicidade com que se pode recuperar a informação e a aprendizagem alargada dos clientes também ajudou as organizações a selecionar os avanços mais adequados e a enviar disposições para moderar a sangria nas ruas. A Internet, com o seu acesso útil a bibliotecas abertas e privadas, contém relatórios de avaliação da execução de sensores e metodologias de administração de movimentos que permitem a partilha rápida de testes e encontros operacionais. Isto tem sido utilizado como parte de aplicações de sensores no controlo e administração de actividades (Gillwald, et al., 2015).

2.1.1 Conceção das estradas e acidentes rodoviários

O traçado da estrada é, além disso, uma das variáveis que contribuem para o acidente, tendo sido demonstrado, num estudo realizado nos EUA em 1985, que cerca de 34% dos acidentes genuínos tinham componentes identificadas com a estrada ou as suas imediações. Uma grande parte destes acidentes incluía uma componente humana (Harry L. e Jerry A. R., 1995). A estrada ou a componente natural contribuíram fortemente para as condições do acidente, ou não permitiram espaço para a recuperação. Não obstante estas condições, foi valorizado o facto de, na maior parte das vezes, a culpa ser atribuída ao condutor e não à estrada; quem relata o acidente tende a ignorar as componentes humanas incluídas, por exemplo, as nuances de contorno e de apoio que um condutor pode negligenciar ou ajustar de forma deficiente (Ray F. e Jorge A. S., 2002). A partir desta exploração, um contorno e um apoio cautelosos, com todas as convergências planeadas, superfícies de estrada, enganabilidade e dispositivos de controlo do movimento, podem provocar grandes melhorias nas taxas de acidentes.

As estradas singulares também têm uma execução geralmente variável em caso de um efeito. Na Europa, existem atualmente testes Euro RAP que demonstram até que ponto uma rua específica e a sua berma seriam "auto-esclarecedoras" e indulgentes no caso de uma ocorrência digna de nota. No Reino Unido, a investigação demonstrou que o interesse por um programa de fundação de ruas protegidas poderia resultar numa diminuição de ½ dos acidentes de rua, poupando até 6 mil milhões de libras por ano. (Slope, J., 2008) Um consórcio de 13 parceiros de segurança rodoviária de renome criou a Campaign for Safe Road Design, que está a abordar o Governo do Reino Unido para fazer do planeamento de ruas seguras uma necessidade nacional de transportes.

2.1.2 Fator humano nos acidentes rodoviários

A outra componente que contribui para os acidentes são as variáveis humanas, nas quais os acidentes com veículos incorporam todos os elementos identificados com os condutores e outros utentes da via pública que podem contribuir para um impacto. Princípios como a conduta do condutor, a perspicácia visual e sonora, a capacidade básica de liderança e a velocidade de resposta. Um relatório de 1985, à luz de informações sobre acidentes britânicos e americanos, descobriu que o erro do condutor, a embriaguez e outros componentes humanos contribuem total ou parcialmente para cerca de 93% dos acidentes (Harry L. e Jerry A. R., 1995). Quase todos os condutores envolvidos em acidentes não confiavam em si próprios como culpados (Drivers.com. 2000-02-11). Tal como indicado na síntese do Transport Research Laboratory de 2007, uma análise dos condutores indicou que estes consideravam que os principais componentes de uma boa condução eram: controlar um automóvel, incluindo uma consciência decente do tamanho e das capacidades do automóvel; examinar e responder às condições da estrada, ao clima, aos sinais de trânsito e à terra e à prontidão, examinar e suspeitar da conduta de outros condutores.

Apesar do facto de a capacidade nestas aptidões ser educada e testada como uma caraterística do exame de condução, um "grande" condutor pode, em qualquer caso, correr um grande risco de bater, devido ao facto de o sentimento de ser positivo em relação a circunstâncias mais difíceis ser experimentado como prova de capacidade de condução, e essa capacidade "demonstrada" reforça os sentimentos de certeza. A certeza reforça-se e não é controlada até que algo aconteça, como um "quase acidente" ou um acidente. Um estudo do Galway Independent concluiu que os condutores irlandeses são excecionalmente conscientes do bem-estar em relação a outros condutores europeus. Seja como for, isto não significa fundamentalmente uma redução das taxas de acidentes na Irlanda. Apesar das mudanças nos planos de rua e nos componentes humanos, houve selecções em larga escala de directrizes da rua perto de estratégias de exigência legal que incluíam leis de condução sob o efeito do álcool, definição de pontos de confinamento de velocidade e estruturas de autorização de velocidade, por exemplo, câmaras de velocidade. Em alguns países, os exames de condução foram alargados para testar a conduta de outro condutor em situações de crise e o seu discernimento do perigo.

Há uma singularidade na idade com a vulnerabilidade das taxas de acidentes, uma vez que os jovens têm tendência a ter grandes tempos de resposta, e os condutores masculinos mais jovens são os que mais se envolvem em acidentes (Thew e Rosemary, 2006), com os analistas a observarem que muitos demonstram práticas e estados de espírito em relação ao perigo que os podem colocar em circunstâncias mais perigosas do que outros clientes da rua. Isto é refletido pelos estatísticos quando estabelecem taxas de proteção para vários grupos etários, a meio caminho, tendo em conta a sua idade, sexo e decisão do veículo. Poder-se-ia esperar que os condutores mais experientes, com respostas mais lentas, fossem obrigados a envolver-se em mais acidentes, mas não é isso que acontece, uma vez que tendem a conduzir menos e, obviamente, de forma mais cautelosa.

Os esforços para forçar abordagens de movimento podem ser confundidos por condições próximas e pelo comportamento dos condutores. Em 1969, Leeming alertou para o facto de haver um ajustamento a ser feito ao "aumentar" a segurança de uma rua (Leeming, J.J. 1969). Por outro lado, uma zona que não pareça insegura pode ter uma elevada recorrência de acidentes. Isto deve-se, em certa medida, ao facto de os condutores, ao verem uma zona como insegura, ficarem mais atentos. É provável que ocorram acidentes quando as condições perigosas da rua ou da atividade não são evidentes no início, ou quando as condições são excessivamente confusas para que a máquina humana limitada possa ver e responder no tempo e na separação acessíveis. A elevada ocorrência de acidentes não é caraterística de um elevado risco de danos. Os acidentes são básicos em zonas de grande congestionamento de veículos, mas os acidentes mortais acontecem de forma desequilibrada em ruas rústicas durante a noite, quando a atividade é geralmente ligeira. Esta maravilha foi observada no exame da remuneração do risco, onde as reduções previstas nas taxas de acidentes não se verificaram após alterações autoritárias ou especializadas. Um estudo observou que a apresentação de travões melhorados provocou uma condução mais enérgica (Sagberg, Fosser e Saetermo, 1997) e outro argumentou que as leis obrigatórias relativas aos cintos de segurança não foram acompanhadas por uma queda inequivocamente creditada nas mortes em geral (Adam e John, 1982). A maioria dos casos em que a remuneração do perigo contrabalançou os impactos da direção do veículo e das leis de utilização do cinto foi arruinada por investigações que utilizaram informações mais refinadas (Robertson LS).

Nos anos 90, as investigações de Hans Monderman sobre a conduta dos condutores levaram-no a reconhecer que a publicidade de sinais e direcções afectava a capacidade de um condutor comunicar de forma segura com outros utentes da via pública. Monderman criou normas de espaço partilhado, estabelecidas nas normas dos woonerven da década de 1970. Ele presumiu que a evacuação da confusão nas vias, ao mesmo tempo que permitia que os condutores e outros utentes da via pública se misturassem com necessidades equivalentes, poderia ajudar os condutores a perceber os sinais ecológicos. Dependiam apenas das suas capacidades psicológicas, diminuindo profundamente as velocidades de atividade e provocando níveis mais baixos de perdas de ruas e níveis mais baixos de entupimento (Ben, 2005).

No entanto, alguns acidentes são propostos; os acidentes organizados, por exemplo, incluem nada menos do que um grupo que pretende abalroar um veículo para apresentar casos lucrativos a uma agência de seguros (Lascher, Edward L. e Michael R., 2001). Nos EUA, na década de 1990, os criminosos seleccionavam imigrantes latinos para baterem propositadamente com automóveis, na maior parte dos casos cortando à frente de outro automóvel e travando a fundo. Tratava-se de uma atividade ilícita e insegura, e normalmente recebiam apenas 100 dólares. José Luis López Pérez, um condutor de automóveis que se despenhava propositadamente, morreu depois de uma destas acções, o que levou a um exame que revelou a recorrência crescente deste tipo de acidentes.

2.1.3 Excesso de velocidade e acidentes rodoviários

A velocidade do motor do veículo é igualmente outro fator que contribui para a taxa de acidentes, segundo a auditoria da U.S. Bureau of Transportation's Federal Highway Administration sobre a velocidade de deslocação em 1998. A sinopse diz: "A prova demonstra que o perigo de ter um acidente aumenta tanto para os veículos que viajam mais devagar do que a velocidade normal, como para os que vão acima da velocidade normal". O perigo de sofrer danos aumenta exponencialmente com velocidades muito superiores à velocidade média. A gravidade de um acidente depende da alteração da velocidade do veículo em causa. Existem provas restritas que recomendam que limites de velocidade mais baixos resultem em velocidades mais baixas numa premissa alargada. A maioria dos acidentes identificados com a velocidade inclui excesso de velocidade. Espera-se ainda mais investigação para decidir a adequação da redução da velocidade.

A Autoridade Rodoviária e de Tráfego (RTA) do estado australiano de Nova Gales do Sul (NSW) afirma que o excesso de velocidade (viajar demasiado depressa para as condições comuns ou acima da velocidade máxima indicada) é responsável por cerca de 40% dos acidentes rodoviários. Além disso, o RTA constatou que o excesso de velocidade aumenta o perigo de um acidente e a sua gravidade. Em outro estudo, o RTA qualifica seus casos aludindo a um pedaço particular de pesquisa de 1997 e compõe "olhar para demonstrou que o perigo de um acidente causando morte ou danos aumenta rapidamente, mesmo com pequenos incrementos em uma restrição de velocidade adequadamente definida". O cálculo contributivo relata que as percepções oficiais do retrocesso das ruas britânicas aparecem para 2006, que "ultrapassar o ritmo máximo" foi uma consideração contributiva de 5% de todos os acidentes com perda (14% de cada acidente mortal), e "viajar muito rápido para as condições" foi uma figura contributiva 11% de todos os acidentes com perda (18% de cada acidente letal).

2.1.4 Deficiência do condutor nos acidentes rodoviários

Além disso, os acidentes rodoviários são provocados por fraquezas dos condutores que os impedem de conduzir na sua normalidade, como é o caso de variáveis como o álcool, de acordo com o Governo do Canadá, os relatórios dos médicos legistas de 2008 recomendavam que quase 40% dos condutores com danos letais ingerissem alguma quantidade de álcool antes de serem obrigados a participar em acidentes. Para além das deficiências causadas pelo abuso de álcool, existem danos físicos, com numerosos controlos legítimos que estabelecem testes de visão simples, solicitando alterações no veículo antes de ser autorizado a conduzir; as informações sobre os seguros para jovens demonstram um número escandalosamente mais elevado de vezes que algo acontece de repente, acidentes espontâneos e acidentes entre condutores jovens ou com vinte e poucos anos, com taxas de proteção que reflectem esta informação.

Estes condutores têm a frequência mais surpreendente de acidentes entre todos os grupos etários de condutores, uma realidade que foi aprovada antes da chegada dos telemóveis. As mulheres nesta faixa etária apresentam, em certa medida, taxas de mortalidade mais baixas do que os homens, mas, ao mesmo tempo, alistam-se bem acima do ponto central dos condutores de qualquer idade. Da mesma forma, dentro deste grupo, a taxa espontânea mais surpreendente ocorre no primeiro ano de condução autorizada. Por isso, muitos estados dos EUA estabeleceram uma lei de resiliência zero na sequência da aceitação de uma infração em movimento nos primeiros seis meses a um ano após a obtenção de uma licença, o que provoca a suspensão programada da licença. Já nenhum estado dos EUA permite que jovens de catorze anos obtenham cartas de condução.

No exame, diferentes perspectivas exigem que o motorista volte a testar a inclinação da resposta e a visão à direita. Insuficiência do sono, fadiga, embriaguez no que diz respeito à inclusão de drogas de aplicação de aspersão. A pesquisa de desvio recomenda que o crédito do motorista esteja preocupado com o desvio de sons um como discussões e alistado na condução de interferência de chamada de asa. Numerosas alas agora obrigam ou mantêm alguns tipos de telefone dentro do automóvel. A visão geral tardia dirigida por investigadores britânicos recomenda que a composição deu uma espreitadela cor-de-rosa para além de um símbolo semelhante ter um impacto; os arranjos orquestrais estão a aproximar-se do silêncio, mas aborrecidamente podem recuperar o condutor para um fogo e gelo de diversão.

Além disso, qualquer uma das condições reduz basicamente circunstâncias mais terríveis, semelhantes a: O motorista pode ouvir uma queda de medidas de álcool influenciando a execução da condução do que como uma decisão de cannabis ou álcool em destacamento ou tomando dosagens escolhidas de uma porção de medicamentos carinhosamente entrelaçados, que de outra forma não causam debilitação e dentro de uma zona se juntam para atrair o cansaço ou a mudança de deficiência. Isto pode ser mais percetível num indivíduo esgotado, cujo trabalho renal é menos equilibrado do que o de um indivíduo mais jovem, de acordo com o Ministério dos Transportes do Reino Unido. Assim, há circunstâncias em que um homem pode ser insuficiente, embora igualmente legalmente autorizado a deslocar-se, e torna-se um perigo potencial para si próprio e para outros clientes da rua. Os caminhantes ou ciclistas estão ocupados com um estilo semelhante e podem prejudicar a si mesmos ou a outros quando estão fora de casa.

2.1.5 Disposições dos veículos em acidentes rodoviários

A conceção do veículo é, além disso, uma variável que algumas partes acreditam que contribui para os acidentes rodoviários (Broughton e Walter, 2007). Cintos de segurança A investigação demonstrou que, em todos os tipos de acidentes, é mais improvável que os cintos de segurança tenham sido utilizados em impactos que incluam morte ou danos genuínos, em oposição a danos ligeiros; a utilização de um cinto de segurança diminui o perigo de morte em cerca de 45% (Broughton e Walter, 2007). A utilização do cinto de segurança é questionável, com especialistas de renome, por exemplo, o Professor John Adams, a propor que a sua utilização pode levar a um aumento líquido das perdas nas ruas devido a uma maravilha conhecida como remuneração do perigo (David B., 2006).

Seja como for, a perceção real das práticas dos condutores anteriormente, e depois do facto de as leis sobre o cinto de segurança não reforçarem a especulação da remuneração do perigo. Algumas práticas de condução imperativas foram observadas anteriormente, depois de a lei sobre a utilização do cinto ter sido autorizada na Terra Nova e na Nova Escócia durante um período semelhante sem lei. A utilização do cinto aumentou de 16% para 77% na Terra Nova e manteve-se inalterada na Nova Escócia. Quatro práticas dos condutores (velocidade, paragem em convergências quando a luz de controlo estava dourada, virar à esquerda antes de se aproximar de um movimento e fendas na tomada após a separação) foram medidas em diferentes destinos anteriormente e depois da lei. As alterações destas práticas na Terra Nova foram semelhantes às da Nova Escócia, com a exceção de que os condutores da Terra Nova conduziram mais lentamente nas viragens após a lei, contrariamente à hipótese da remuneração do risco (Lund AK. e ainda, Zador P., 1984).

Um veículo bem delineado e muito bem cuidado, com bons travões, pneus e suspensão equilibrada será mais controlável numa crise e, por conseguinte, estará mais bem preparado para evitar impactos. Alguns planos de exame obrigatório de veículos incorporam testes para algumas partes da inspeção técnica, por exemplo, o teste MOT do Reino Unido ou a revisão de conformidade TUV alemã. O plano de jogo das peças de um veículo foi igualmente desenvolvido para aumentar a segurança após o impacto, tanto para os habitantes do veículo como para os que estão fora dele. Grande parte deste trabalho foi impulsionado pela rivalidade da indústria automóvel e pelo desenvolvimento mecânico, levando a medidas como, por exemplo, o confinamento de bem-estar da Saab e os pilares reforçados do tejadilho em 1946, o pacote de segurança Lifeguard da Ford em 1956 e a apresentação de cintos de segurança de série da Saab e da Volvo em 1959. Diferentes actividades foram aceleradas como resposta ao peso dos compradores, após as distribuições, por exemplo, o livro de Ralph Nader de 1965, Unsafe at Any Speed, culpava os fabricantes de motores pela falta de preocupação com a segurança.

Em meados da década de 1970, a British Leyland iniciou uma investigação séria sobre a segurança dos veículos, criando vários modelos de veículos exploratórios de bem-estar que apresentavam diferentes avanços para a segurança dos inquilinos e dos transeuntes, por exemplo, pacotes de ar, mecanismos de abrandamento monitorizados eletronicamente, painéis laterais com efeitos, restrições de cabeça à frente e atrás, pneus perfurados, fechos dianteiros suaves e deformáveis, protecções de retenção de efeitos e faróis retrácteis (Keith A., n.d). Além disso, os contornos foram afectados por medidas governamentais, por exemplo, o teste de impacto Euro NCAP. Os elementos normais destinados a aumentar a segurança incluem colunas mais espessas, vidros de bem-estar, interiores sem arestas vivas, carroçarias mais assentes na terra, outros componentes de bem-estar dinâmicos ou destacados e exteriores suaves para diminuir os resultados de um contacto com pessoas a pé. O Departamento de Transportes do Reino Unido distribui informações sobre o recuo das ruas para cada tipo de acidente e veículo através do seu relatório Road Casualties Great Britain. Estas medições demonstram uma proporção de dez para um de fatalidades no veículo entre os tipos de automóveis. Em muitos automóveis, os habitantes têm uma probabilidade de 2-8% de morte num acidente com dois para-choques.

Da mesma forma, o foco de gravidade tem tendência a ter resultados mais genuínos. Os capotamentos tornaram-se mais regulares nos últimos tempos, talvez devido à fama alargada de SUVs mais altos, transportadores individuais e minivans, que têm um foco de gravidade mais alto do que os automóveis de viagem padrão. Os capotamentos podem ser letais, especialmente se os inquilinos forem abatidos por não estarem a usar cintos de segurança (83% das descargas no meio de capotamentos foram mortais quando o condutor não usava cinto de segurança, em comparação com 25% quando usava). Um outro plano da Mercedes Benz, famoso por ter fracassado num "teste do alce" (desvio repentino para manter uma distância estratégica de um obstáculo), alguns fabricantes melhoraram a suspensão utilizando o controlo de segurança ligado a um mecanismo de abrandamento monitorizado eletronicamente para diminuir a probabilidade de capotamento. Após a instalação destes sistemas nos seus modelos em 1999-2000, a Mercedes viu os seus modelos serem menos afectados por acidentes (Broughton e Walter, 2007). Cerca de 40% dos novos veículos americanos, sobretudo os SUV, as carrinhas e os camiões que são mais vulneráveis à capotagem, estão a ser criados com um ponto focal de gravidade mais baixo e uma suspensão melhorada com controlo de solidez ligado ao seu automatismo de paragem para diminuir o perigo de capotagem e cumprir os pré-requisitos do governo americano que, até setembro de 2011, ordenou uma inovação hostil à capotagem.

Segundo o Boletim Estatístico dos Transportes de 2007, os motociclistas têm poucos seguros para além do vestuário e dos bonés de proteção. Esta distinção reflecte-se nas medições de recuo, em que são duas vezes mais propensos a sofrer um impacto extremo. Em 2005, registaram-se 198.735 acidentes de viação com 271.017 recuos nas ruas da Grã-Bretanha. Este número inclui 3.201 acidentes (1,1%) e 28.954 ferimentos genuínos (10,7%) em geral. Destes contratempos, 178.302 (66%) eram clientes de automóveis e 24.824 (9%) eram motociclistas, dos quais 569 foram assassinados (2,3%) e 5.939 ficaram genuinamente feridos (24%).

2.1.6 Acidentes rodoviários a nível internacional

Além disso, o sector dos transportes rodoviários continua a ser um sector excecionalmente agressivo. Com um objetivo específico de manter a sua parte do bolo, as organizações têm de trabalhar de forma mais eficaz, dar administrações de maior qualidade e oferecer administrações adicionais do que os seus adversários (Fundação Europeia para a Melhoria das Condições de Vida e de Trabalho, 2004). O peso do trabalho na área dos veículos é regularmente um efeito secundário da administração "sem tempo a perder": a mercadoria deve ser transportada no ponto do processo de produção em que o cliente precisa dela (Agência Europeia para a Segurança e Saúde no Trabalho (EU-OSHA), 2010).

O bem-estar dos transportes rodoviários é uma questão essencial em países criados como os Estados Unidos, a Austrália e, em geral, nos países da UE, os acidentes com veículos motorizados relacionados com a atividade empresarial são avaliados como provocando entre um quarto e mais de 33% de todas as mortes relacionadas com a atividade empresarial (ERSO, 2007). De acordo com um estudo dinamarquês sobre acidentes de viação (Carstensen et al., 2001), os componentes que acompanham os veículos de grande porte aumentaram o risco de acidente dos camiões em relação aos veículos ligeiros de passageiros: As medidas dos camiões contribuíram para o aparecimento de circunstâncias que podem resultar em acidentes que não surgiriam com os veículos ligeiros de passageiros; a diminuição da capacidade de travagem e de hesitação dos camiões pode contribuir para que as circunstâncias se transformem mais frequentemente em impactos, e os impactos ocorrem a maior velocidade; a dimensão e o peso dos camiões podem implicar que os acidentes resultem em ferimentos individuais mais genuínos do que os acidentes comparáveis que incluem veículos ligeiros de passageiros.

Os erros de condução cometidos por condutores de veículos de produtos substanciais podem ser mais genuínos devido ao peso, estimativa, forma, capacidades de movimento, capacidades de travagem e outros compartimentos do veículo. Os condutores de veículos de transporte não correm apenas o risco de sofrerem acidentes de viação. O âmbito mais alargado dos problemas médicos e de segurança relacionados com a palavra que podem influenciar os condutores de transportes inclui: Acidentes e ferimentos identificados com o empilhamento, o esvaziamento de veículos, o contorno e a manutenção dos veículos; perturbações músculo-esqueléticas e relacionadas com vibrações; introdução de substâncias de risco; táxis quentes e gelados; stress e selvajaria de indivíduos da população em geral.

Cerca de 33% das mortes de pessoas em acidentes de trabalho na UE estão relacionadas com os transportes. Estes acidentes incluem, regra geral, pessoas que são atingidas ou continuam a ser atropeladas por veículos em movimento (por exemplo, ao virarem-se); que caem de veículos; que são atingidas por objectos que caem de veículos; ou que tombam de veículos (Agência Europeia para a Segurança e a Saúde no Trabalho (EU-OSHA), 2001a): Choques de veículos, pessoas atingidas ou atropeladas por veículos em movimento (por exemplo, durante a manobra de viragem ou de engate), pessoas que caem de veículos, pessoas atingidas por objectos que caem de veículos ou veículos que tombam (Agência Europeia para a Segurança e Saúde no Trabalho (EU-OSHA), 2007).

2.2 Esforços de gestão dos danos causados pelas estradas

A gestão inclui a distinção da missão, do objetivo, da metodologia, dos princípios e do controlo do empreendimento humano para contribuir para a realização de um empreendimento (Prabbal, 2009). Isto sugere uma correspondência viável: uma situação de empreendimento, mais do que uma componente física ou mecânica, infere a inspiração humana e infere algum tipo de avanço frutuoso ou resultado de enquadramento. É necessário gerir as colisões de automóveis através de esforços coordenados para reduzir a carnificina rodoviária.

2.2.1 Interação veículo-veículo

Ultimamente, as nações criadas são cada vez mais observadas progredindo mecanicamente, abordando o fornecimento de dados importantes fornecidos pelas associações de vários sistemas de correspondência. Novos dispositivos portáteis, como telemóveis e tablets, melhoram o tratamento de dados e o acesso geral dos clientes. Nos últimos dez anos, os progressos registados nos equipamentos e nos avanços da programação levaram à necessidade de interligar os veículos entre si. (Filippo, 2005).

A hipótese de organização Adhoc portátil é um destaque entre os avanços mais imperativos que suportam a correspondência remota veicular, e é uma inovação crítica para a melhoria do sistema relacionado com o veículo motor. A clarificação essencial das MANETs depende do início de duas unidades portáteis remotas para falarem entre si (S. Corson e J. Macker, 1999).

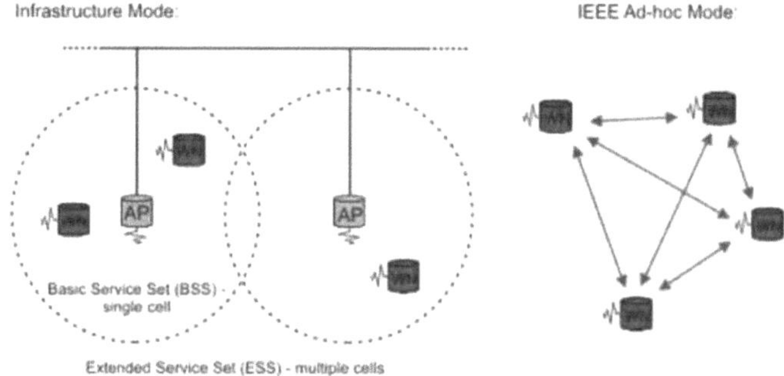

Figura 1: Exemplo de redes baseadas em infra-estruturas e redes ad hoc (Fonte: S. Corson e J. Macker, 1999).

Os sistemas portáteis remotos foram, regra geral, fundados no pensamento celular e dependiam de um grande hardware essencial para funcionar e suportar, no qual os telemóveis falam com os focos de chegada ou estações de base associadas ao equipamento fundamental do sistema estabelecido. Os casos mais comuns deste tipo de sistemas remotos são GSM, UMTS, WLL, WLAN, etc. (Hubaux et al, 2001)

Nos últimos anos, a acessibilidade da correspondência remota e dos aparelhos portáteis estimulou a investigação sobre sistemas auto-organizados que não requerem hardware fundamental pré-configurado para funcionar. Estes sistemas são constituídos por hubs de auto-decisão que cooperam entre si para mover os dados a partir de um local e depois para o seguinte. Normalmente, estes hubs funcionam como estruturas finais e comutadores. Uma MANET é uma acumulação de hubs portáteis remotos que se alteram progressivamente para dar forma a um sistema de troca de dados sem utilizar qualquer hardware de sistema previamente estabelecido ou administração de local focal. Num dado momento, dependendo da posição dos hubs e da conceção do âmbito do transmissor e do beneficiário, dos níveis de controlo da transmissão e dos níveis de obstrução dos co-canais, a disponibilidade remota é arbitrária, com vários saltos, ou um sistema organizado entre os hubs. Esta topologia do sistema pode mudar com o tempo, à medida que os hubs se deslocam ou mudam para melhor se adaptarem às novas condições nos seus limites de transmissão e recolha (Maxim e Jean-Pierre, 2007).

Os princípios de atividade nos sistemas são inteiramente únicos em relação aos do equipamento essencial para trabalhar o sistema remoto, incluindo: Sinalizadores de sistemas peer-to-associate que acontecem entre dois hubs que estão dentro de um salto. A atividade de organização é normalmente previsível; Comunicação Remoto-a-Remoto entre dois hubs após um salto solitário, mas que mantêm um curso estável entre eles. Isto é uma consequência de mais de dois, mas não uma medida considerável de hubs que permanecem dentro do âmbito de correspondência um do outro numa faixa solitária ou potencialmente movendo-se como uma reunião. A atividade é muito semelhante ao movimento padrão do sistema; Padrão de conduta Tráfego que acontece quando os hubs estão mudando e se movendo. Os cursos têm de ser renovados. Isto resulta numa fraca disponibilidade e ação do sistema em curtos períodos de tempo (Michele el al..., 2009).

Uma vez que a topologia do sistema está sempre a dar sinais de mudança, a questão da orientação dos pacotes entre qualquer combinação de hubs torna-se uma tarefa de teste. Numa MANET, os comutadores (ou seja, os anfitriões) podem ser portáteis e a disponibilidade dos comutadores pode mudar regularmente durante o funcionamento normal. É interessante notar que a Internet, tal como outros sistemas de telecomunicações, tem uma estrutura semi-estabelecida que inclui comutadores ou comutadores que transmitem informações através de ligações com fios. O aperfeiçoamento é que, embora os clientes que viajam possam deslocar-se, fazem a maior parte das capacidades relacionadas com o sistema numa área alterada. Os clientes portáteis têm de trabalhar "em movimento", mudando os objectivos da ligação conforme necessário. Em ambos os casos, pode ser necessário um apoio suplementar à administração dos sistemas para localizar a área de um cliente no sistema, de modo a que os dados possam ser enviados para a sua área atual, utilizando o apoio de encaminhamento dentro da ordem alterada mais habitual (H. Luo et al, 2000).

A Web está pouco adaptada para permitir a versatilidade no meio das trocas de informações, uma vez que não foram imaginadas convenções para dispositivos que mudam frequentemente o seu objetivo de ligação na topologia. Há regularmente uma alteração do endereço IP físico sempre que um hub versátil muda o seu objetivo de ligação e, deste modo, a sua acessibilidade à topologia da Internet. Isto resulta na perda de pacotes em viagem e na rutura de associações de convenções de transporte, se a versatilidade não for assegurada por administrações específicas. A pilha de convenções deve, deste modo, ser redesenhada com a capacidade de atravessar sistemas durante o intercâmbio de informações, sem quebrar a sessão de correspondência e com o mínimo de adiamentos de transmissão e de sobrecarga de sinalização. Este facto é geralmente designado por suporte de portabilidade. Curiosamente, o objetivo da administração de sistemas portáteis especialmente designados é desenvolver a versatilidade no campo de espaços independentes, versáteis e remotos, onde um arranjo de hubs, que podem ser interruptores consolidados e tem, eles próprios moldam a base de direção do sistema de uma forma improvisada. Com o Mobile Ad Hoc Networking, a base de direção pode mover-se ao lado dos dispositivos finais. Assim, a topologia de direção da base pode mudar, e a tendência para dentro da topologia pode mudar. Nesta perspetiva, a relação de um cliente final com um comutador versátil ou com um ponto de acesso decide a sua área na MANET. Como já foi dito, a personalidade de um cliente pode ser impermanente ou perpétua. Os contrastes significativos na estrutura da fundação de direção fazem com que uma grande parte da inovação de controlo da estrutura estabelecida deixe de ser útil. Os cálculos de direção da fundação e uma parte significativa do conjunto de administração de sistemas devem ser melhorados para funcionar de forma produtiva e adequada em ambiente portátil.

Além disso, recomendaram que três classes de medidores gerissem os sistemas veiculares. A convenção IEEE 802.11 é a convenção atual e uma outra revisão, a IEEE 802.11p, está a ser estudada para reforçar os sistemas veiculares. O IEEE 802.11p é apenas uma parte de um conjunto de medidas identificadas com todas as camadas de convenções para operações V2V. A norma IEEE 802.11p é limitada pela extensão da norma IEEE 802.11, que é inteiramente uma norma de nível MAC e PHY destinada a funcionar num único canal coerente.

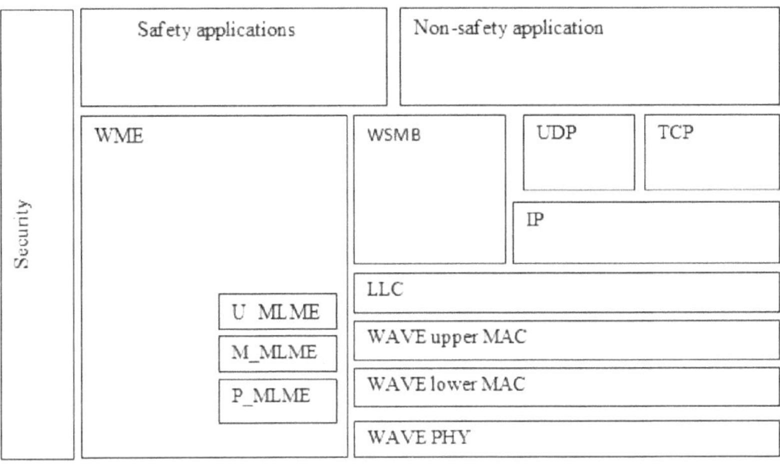

Figura 2: Normas e pilhas de comunicação V2V (Fonte: Jiang, D. e Delgrossi, L.)

Todas as afirmações e complexidades identificadas com a ideia operacional V2V são tratadas pelos modelos IEEE 1609 da camada superior. A seleção para a qual se deve mudar é o IEEE 802.11p. O processo de institucionalização do IEEE 802.11p começa com a designação da banda de alcance das Comunicações Dedicadas de Curto Alcance (DSRC) nos Estados Unidos e o impulso para caraterizar a inovação para utilização na banda DSRC (Guillaume, 2008).

O objetivo essencial é dar poder a aplicações de segurança abertas que possam poupar vidas e melhorar o fluxo de actividades. Além disso, as administrações privadas são autorizadas, tendo em conta o objetivo final de repartir os custos de arranjo e de permitir a rápida melhoria e receção das inovações e aplicações DSRC. Em 1999, a Comissão de Comunicações do Governo dos EUA atribuiu 75 MHz de Comunicações Dedicadas de Curto Alcance (DSRC) a 5,9 GHz para serem utilizados exclusivamente para intercâmbios veículo-veículo e estrutura-veículo.

O esquema abaixo mostra a gama DSRC organizada em sete canais de 10 MHz de largura. O canal 178 é o canal de controlo (CCH), que se limita, por assim dizer, às correspondências de segurança. Os dois canais nos extremos da banda de alcance são reservados para utilizações extraordinárias. Os restantes são canais de administração (SCH) acessíveis tanto para o bem-estar como para utilizações não relacionadas com a segurança (NIST-CDV Workshop, 2010).

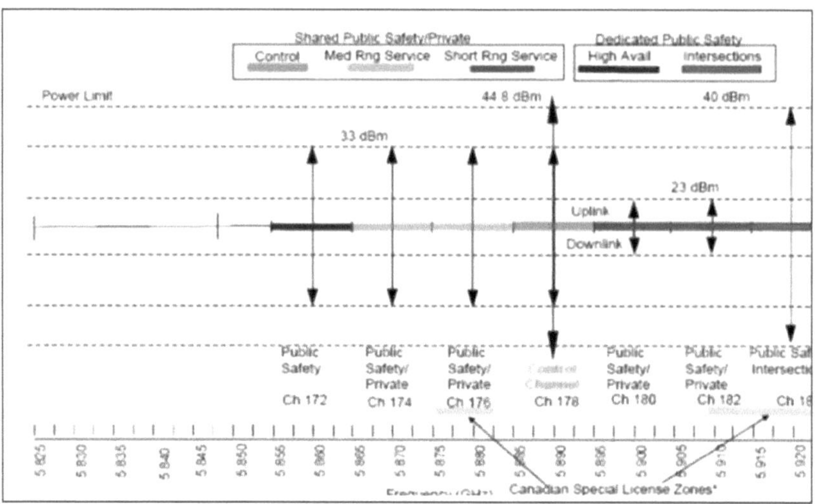

Figura 3: Banda e canais do espetro DSRC nos EUA (fonte: Federal Communications Comissão (FCC).

A Comissão Federal das Comunicações (FCC) atribui a banda DSRC a uma gama gratuita, não licenciada. É gratuito, uma vez que não cobra uma despesa pela utilização da gama. Os 900 MHz, 2,4 GHz e 5 GHz são adicionalmente grupos não licenciados, mas para fins diferentes. Do mesmo modo, numa oferta para obrigar à correspondência entre veículos, a Europa passou a reservar uma gama para a correspondência entre veículos em 2008. A Comissão Europeia optou, a partir desse momento, por dar uma banda de recorrência solitária de longo alcance que pode ser utilizada para correspondência rápida e fiável entre automóveis, e entre automóveis e fundações à beira da estrada. Trata-se de uma faixa de 30 MHz na banda de 5,9 Gigahertz (GHz) que é atribuída pelas potências nacionais em toda a Europa para aplicações de bem-estar nas ruas, sem excetuar as diferentes administrações já estabelecidas, por exemplo, nas administrações de rádio para principiantes (Harvey J. Miller e Shih-Lung Shaw 2001).

Em suma, a correspondência V2V permite a alteração da segurança rodoviária, fornecendo dados ao condutor de forma eficiente. Com a ajuda da correspondência V2V, dados como avisos ao entrar em pontos de passagem ou ao sair de interestaduais, avisos de áreas perigosas: revelação de impedimentos, comunicação de acidentes, avisos de paragem súbita: avisos de impacto frontal, deteção ou aviso de pré-colisão, avisos de evolução da faixa de rodagem, privilégio de ambulâncias, camiões de bombeiros e carros-patrulha são habilitados através do fornecimento de dados ao condutor.

2.2.2 Rede de câmaras inteligentes para recolha de informações de tráfego

A utilização de estruturas inteligentes está hoje em dia na concentração de poderes abertos e grupos de investigação que vão no sentido de dar respostas eficazes para melhorar o modo de vida e o bem-estar dos residentes. A eficácia deste tipo de estruturas depende da preparação dos dados adquiridos relacionados com os transportes para responder a situações de entupimento e de insegurança e, sobretudo, para melhorar a situação dos indivíduos e das mercadorias. Os sistemas de transporte inteligentes (ITS) permitem que os veículos sejam completamente incorporados com dispositivos remotos de esforço mínimo, adequados para criar um sistema expansivo através do esforço do sistema rodoviário.

O ScanTraffic é um produto que se ocupa da camada de recolha de informação e dos ITS criados no seu interior, é uma base incontornável e heterogénea para a análise e controlo da portabilidade urbana. Incorpora uma conceção a vários níveis que visa a coordenação e a racionalização da cadeia formada por estruturas de recolha de informações; estruturas de conglomeração, administração e controlo em linha; estruturas fora de linha que visam a organização das fundações; estruturas de dados orientadas para os países e distritos para gerir e administrar a portabilidade dos veículos. Além disso, utiliza redes de sensores sem fios (RSSF) visuais para recolher informações relacionadas com o tráfego. São, sem dúvida, câmaras (pequenas), ou seja, dispositivos equipados com um microcontrolador, um aparelho IEEE 802.15.4 e uma câmara CMOS de baixa determinação. (Barbagli, B et al 2011)

As câmaras inteligentes utilizam a inovação do tratamento de imagem para concentrar os dados da imagem obtida. A sua adaptabilidade é mais favorável do que a dos grandes sensores. Um conjunto de imagens contém muito mais dados do que um valor escalar; deste modo, os sensores baseados em câmaras podem desempenhar uma grande variedade de funções, suplantando praticamente diferentes tipos de sensores. Por exemplo, uma câmara brilhante pode ser utilizada como um sensor de luz, um identificador de movimento, um sensor de habitabilidade, etc. As câmaras brilhantes podem igualmente suplantar quantitativamente os grandes sensores. Por exemplo, utilizamos uma única câmara inteligente para verificar o estado de habitabilidade de até 10 lugares de estacionamento, em vez de utilizar um sensor indutivo para cada lugar (Daniele A, 2012).

Do ponto de vista financeiro, as câmaras brilhantes são exorbitantes e consomem uma quantidade considerável de força, mas o custo mais elevado por unidade é compensado pela diminuição da quantidade de sensores, o que também leva a um arranjo e manutenção menos dispendiosos. O problema da utilização do controlo é resolvido através da preparação de imagens a bordo: apenas os dados importantes (por exemplo, o número de veículos controlados, o estado de ocupação dos lugares de estacionamento, etc.) são enviados através do sistema, diminuindo assim a quantidade de mensagens trocadas, que são o principal fator de utilização de energia nas RSSF (Chen, W, 2006).

Além disso, as câmaras Savvy utilizam as RSSF visuais como uma estrutura de produto para lidar completamente com as RSSF visuais utilizadas para recolher informações relacionadas com o tráfego (Barbagli, B, 2011). Conseguem-no através da aplicação de RSSF visuais à área ITS, fornecendo uma outra estrutura com numerosos pontos de interesse em relação às estruturas actuais, à luz de sensores escalares, e reconhecendo a estrutura de base das administrações a fornecer por um produto que lida com uma RSSF visual.

A engenharia da estrutura actualizada do ScanTraffic enviada para o lado terrestre do Aeroporto Internacional de Pisa é demonstrada da seguinte forma.

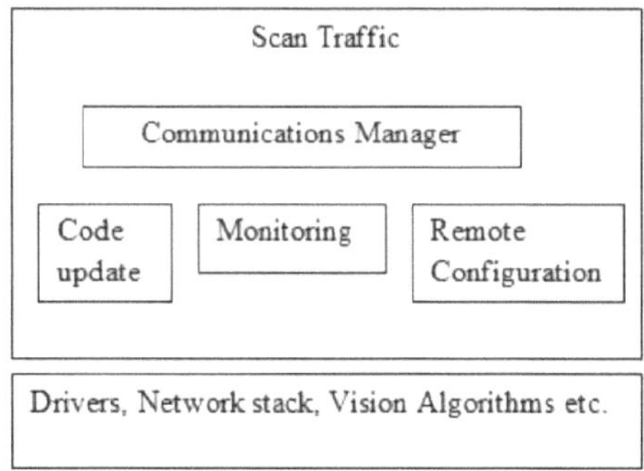

Figura 4: Arquitetura geral do sistema de tráfego Scan (fonte: (Barbagli, B, 2011).

As RSSF ScanTraffic recolhem dados sobre a ocupação de áreas de estacionamento e o fluxo de tráfego. Utilizaram dois cálculos de visão implantados, descritos em (Magrini et al 2011): um cálculo inclui os automóveis que passam num segmento de rua; o outro cálculo identifica o estado de ocupação de um conjunto de lugares de estacionamento. O "sensor de fluxo" é uma câmara astuta que executa o cálculo anterior e o nome "sensor de paragem" significa uma câmara astuta que executa o último cálculo mencionado. Como indicado em (Magrini et al 2011), estes cálculos atingem uma taxa de localização geral de 95% com uma taxa de falso aviso de 0,1%. Cada WSN visual está associada ao que resta da estrutura através de uma interface de backhaul. Um hub invulgar na RSSF, o organizador, serve de porta de entrada entre a RSSF e as camadas superiores. No modelo Ipermob, a ligação backhaul é uma interface HiperLAN e o organizador utiliza a convenção UDP/IP para falar com os níveis superiores.

Para o efeito, a savvy camera actualizou um conjunto de convenções que seguem a abordagem de benefício da Web em estruturas instaladas (Gutierrez et al., 2011). Este dispositivo depende das directrizes 6LoWPAN e pode apoiar topologias complexas como a do trabalho. O controlo da ação de deteção e o acesso às informações recolhidas são concebíveis através de uma interface REST fornecida por cada hub de sensores do sistema. Utilizaram o Constrained Application Protocol (CoAP) para atualizar esse ambiente RESTful.

O grande inconveniente da atividade de produção é a ausência de apoio constante, o que a torna inadmissível para aplicações contínuas. Desta forma, eles deveriam ter considerado outro arranjo à luz da topologia de árvore de grupo. Eles deveriam querer utilizar uma das maneiras de lidar com a atualização de um arranjo de árvore de grupo com poder de ponto de referência e estender Mirtes para reforçá-lo. As progressões serão desconcertantes e menos vigorosas, mas permitirão aplicações constantes.

2.2.3 Utilização da RFID na gestão de auto-estradas

A utilização de RFID na administração de estradas foi actualizada na Malásia e depende de uma inovação de braço que funciona através de uma progressão de subsistemas, incluindo o subsistema de verificação e controlo de estradas, o subsistema de autoestrada de prova de distinção multi-vias e administração de registos de divisão de portagens, o subsistema de acumulação de portagens interestaduais de RFID e a fase de administração de dados extensiva de partilha de bens. O comércio e a transmissão de informações e dados são realizados através da utilização da inovação de organização de PC e a administração é feita através de um controlo conjunto da via rápida. Além disso, podem dar um apoio informativo intenso ao desenvolvimento da sua estrutura individual e realizar a partilha de activos de dados (Vishnu et al.... Jun 2012).

O subsistema interestadual de vigilância e controlo assenta em premissas que; No ponto de controlo, é constituído pelas marcas RF que estão associadas ao veículo e que contêm a informação do bilhete de identidade, marcas do veículo, nome do condutor e outros, os utilizadores que são apresentados nos diversos centros de controlo e conjuntos mecânicos de recolha. Pode terminar a verificação de reconhecimento personalizado do carácter do veículo e a supervisão do veículo e, entretanto, transmite os dados de observação para o servidor do centro de controlo total através da estrutura.

A espera dos cartões de recorrência de rádio é feita no foco de controlo agregado da interestadual, onde a personalidade do condutor é completada para compreender a administração de dados do veículo, como a verificação dos registos de parcelas dos veículos, a autenticidade do veículo (Angell, I. além disso, Kietzmann, J. 2006). A compreensão oportuna da condição de movimento para decidir a posição do veículo e compreender o seguimento dos veículos em viagem é realizada utilizando o número de identificação do cartão RF ligado ao veículo e o endereço IP do beneficiário, e consolidando com a inovação GIS e GPS, o controlo e planeamento contínuos do veículo, o avanço dos cursos de atividade e o aligeiramento do entupimento da atividade devem igualmente ser possíveis (Butters, A.2006).

Esta inovação pode igualmente ser utilizada no âmbito da gestão das prestações de transporte, onde pode ser utilizada para a acumulação de portagens. O subsistema interestadual de prova reconhecível multidirecional e a administração do registo de divisão de portagens permitem o fracionamento das portagens (F. Wear, 2004). As operações são as seguintes: Os segmentos que acompanham o quadro das portagens são: a etiqueta eletrónica do veículo, os postos de reconhecimento da via, os centros de preparação da informação, os emissores de cartões, os utilizadores de cartões e outros equipamentos. As estações de reconhecimento de vias são instaladas no ponto de passagem de uma interestadual, onde se encontra um estabelecimento do utilizador. A etiqueta eletrónica contendo os dados é então colocada no veículo.

Os dados da área percorrida serão captados pela etiqueta eletrónica e transferidos para o sistema de portagem focal do foco de administração agregado quando os veículos passarem pelas estações de distinção de percurso do RFID. Este dará apoio informativo ao subsistema de portagem de prova reconhecível por recorrência de rádio. Desta forma, a posição dos postos de controlo de passagem conhece com precisão o percurso de viagem do veículo e conduz à acumulação exacta de portagens, e efectua com precisão a liquidação das portagens para os proprietários na rede (Zhang H., 2009). A estrutura reconhece o percurso do veículo, bem como regista a quilometragem dos veículos para ajudar na partilha de benefícios. Desta forma, na circunstância em que um veículo escapa à cobrança, isso apenas influencia a partilha de benefícios das organizações que mostraram a maravilha de escapar às despesas. Além disso, a perda de diferentes organizações será compensada pelas organizações que apresentaram a maravilha do custo de fuga (S. Lauren e B. Mariko, 2007). Consequentemente, o derrame de portagens na autoestrada é reduzido.

Da mesma forma, o utilizador normalmente percebe a informação quando um veículo rápido colide com o distrito de trabalho do dispositivo de recolha na estação de portagem através da forma de desenvolvimento, o, (por exemplo, o código da etiqueta eletrónica, o código do tipo de veículo, a informação de propriedade, o código da estação de portagem nos portais, a data e hora de derrotar a estação de portagem nas entradas e assim por diante.) que é transmitida pela etiqueta eletrónica do veículo e, ao mesmo tempo, confirma o carácter do veículo, sendo a informação transmitida às entidades dominantes na praça de portagem através da unidade de transmissão de dados após a certificação estar correcta. O cobrador de portagens efectua a cobrança personalizada de acordo com a medida do evento social que é registado exatamente pela estrutura central de cobrança de portagens no centro de organização total. Após o evento social produtivo, abre a luz verde da faixa e ajuda o veículo a passar rotineiramente. Se não for obtida nenhuma faixa ou se a informação sobre o tipo de veículo não for legal, então será emitido um aviso e a praça de portagem executará um tratamento manual. A informação sobre a cobrança é normalmente trocada para a estrutura central da organização total para ser armazenada, antecipando a utilização por outros (C.M. Roberts, 2006).

A fase de administração de dados de longo alcance da partilha de bens é adicionalmente habilitada, foram reunidos dados sobre veículos, portagens rodoviárias e observação de movimentos a partir dos três subquadros e, além disso, os dados de informação de histórico contínuo relacionados com o sistema de ruas são utilizados com a inovação de organização de PC e a inovação de base de dados para fabricar uma fase de administração de dados extensa. Esta fase permite a partilha e a utilização integral dos dados.

A fase de administração de dados extensiva utilizou um Windows 2000/Windows XP como fase de estrutura de trabalho e adoptou a estratégia de programação organizada por protestos para fabricar a sua base de dados backend baseada no SQL Server2000 e a sua aplicação no modo Cliente/Servidor. A estrutura tem uma segurança, adaptabilidade e praticidade incríveis. O quadro obrigava a um instrumento de segurança através de uma grelha de segurança, estabelecendo benefícios individuais. Só forneceu informações aprovadas (W. Wen, 2010). É possível verificar os dados de desenvolvimento do veículo e as circunstâncias actuais da rua através desta fase para aumentar os planos de jogo sensatos sobre o movimento da divisão de administração de transportes rodoviários. Os serviços de inspeção podem solicitar continuamente informações sobre o veículo para melhorar a sua supervisão. Os proprietários de veículos podem confirmar e verificar as circunstâncias das prestações relativas aos seus veículos particulares, por exemplo: a medida da prestação, a recorrência da prestação, etc.

A partir do pensamento de eficácia, a inovação RFID é uma reflexão para o reconhecimento da informatização das estradas. A aplicação abordou bem os problemas que existem na administração da via de passagem e melhorou enormemente o nível de supervisão dos veículos na estrada. Não obstante, realizou a paragem da cobrança de portagens na interestadual, informatizando proficientemente a recolha de portagens, dispensando os encargos do bloqueio do movimento na via de passagem e dando produtividade nas vias de estacionamento. Dispensou os erros simulados e o ilícito do rebaixamento, pois não há nenhum indivíduo ocupado com o acúmulo de parcelas. Além disso, mantém uma distância estratégica da perda de portagens e faz com que a cobrança de portagens se torne mais sensata e simples. Por fim, torna a administração da via rápida mais vanguardista, informatizada e sensata (L. Jerry, 2001).

2.2.4 Os sentidos humanos

A janela do ser humano para o mundo é feita através das suas faculdades. A visão é o sentido mais crítico para a tarefa de condução. Externamente, 90% de todos os dados necessários para a tarefa de condução são vistos (Sivak, 1996). Para uma condução segura, uma grande visão não é uma condição adequada. O discernimento humano pode ser classificado em dois procedimentos, mais concretamente, o manuseamento de base para cima e o manuseamento de batida para baixo. A manipulação de base para cima refere-se ao exame de solavancos provocado apenas pela informação (Matthews, Davies, Westerman e Stammers, 2008)". O beat down refere-se a informações tangíveis que accionam a informação aplicável, a inspiração e os desejos do indivíduo (Cohen, 2009; Weller, Schlag, Gatti, Jorna, e Van der Leur, 2006). A cooperação entre ambos os procedimentos permite que a Perceção (Weller et al. 2006) mostre o papel de ambos os procedimentos na tarefa de condução, aludindo à decisão de velocidade do condutor ao entrar numa rua obscura.

Os procedimentos top-down influenciam a velocidade que os condutores escolhem (por exemplo, o condutor é levado a ir para casa o mais depressa possível, pois não gostaria de perder o jogo de râguebi), enquanto as pequenas alterações que faz durante a condução são basicamente de base. Não obstante, os conhecimentos e os desejos influenciam os elementos de motivação top-down dos condutores. O condutor adquire esta experiência no decurso da sua profissão de condutor. Os desejos do condutor são enquadrados por estes encontros.

Os condutores jovens têm menos problemas em ver os dados, mas os condutores mais experientes estão aptos a relacionar a contribuição com a sua experiência e, por conseguinte, prontos a tomar as decisões correctas. Na eventualidade de um condutor mais experiente, em qualquer caso, não ter experiência de condução adequada, não terá capacidade para compensar as suas carências relacionadas com a idade. Esta pode ser a situação em Omã, onde muitos indivíduos começaram a conduzir um veículo nos seus cinquenta ou sessenta anos. Por conseguinte, os antecedentes de condução e a colaboração entre os procedimentos de cima para baixo e de baixo para cima esclarecem a razão pela qual os indivíduos mais experientes são menos solicitados nos acidentes de viação do que o previsto devido às suas insuficiências relacionadas com a idade.

Não é apenas o que vemos que é vital para a segurança nas ruas, mas também a forma como processamos e reagimos aos dados vistos. A variável vital é o meio pelo qual o condutor julga a circunstância. De acordo com Malaterre (1990), 59% de todos os acidentes de viação ocorrem devido a uma má interpretação das circunstâncias da atividade. A forma como o utente da via pública faz esse julgamento é, portanto, essencial para o conseguir. A conduta humana é orientada por objectivos (Richetin, Conner, e Perugini, 2011; Theeuwes, 2001; Thomas L, 2007). Um homem tenta cumprir o seu objetivo. Este objetivo pode ser dividido em sub-objectivos e os sub-objectivos podem ser separados em conjuntos de actividades. Encontrar um estado desejado numa situação problemática é como terminar o objetivo (Newell, Rosenbloom, e Laird, 1987).

Com um objetivo específico de alcançar uma expressão procurada, um homem precisa de encontrar uma forma de localizar a escolha vizinha. Ao terminar uma etapa, ele ou ela olha para o novo estado em relação ao estado desejado e está, assim, pronto para controlar se o estado desejado foi encontrado até agora. As formas anteriormente mencionadas têm sido descritas como modelos mentais ou, ainda mais recentemente, como atenção às circunstâncias. A consciência da circunstância é notável no campo da aviónica e retrata fundamentalmente o grau de conhecimento de um administrador sobre o que está a acontecer (Matthews et al., 2008).

Para que um administrador actue corretamente, o nível de atenção às circunstâncias deve ser mais elevado. Uma vez que conduzir um veículo e pilotar uma máquina voadora são tarefas que dependem de factores de informação naturais (Ma e Kaber, 2005), e ainda devido ao seu sucesso na aviónica, a atenção às circunstâncias tornou-se uma abordagem bem conhecida no campo da investigação sobre o bem-estar nas ruas (Baumann, Petzoldt e Krems, 2006; Ma e Kaber, 2005; Sommer, 2012).

A consciência das circunstâncias é distinta, dependendo das formas de lidar com elas (por exemplo, Endsley, 1988; Regal, Rogers e Boucek, 1988; Smith e Hancock, 1995). Um destaque entre as metodologias mais inconfundíveis foi introduzido por Endsley, que caracterizou a atenção às circunstâncias como "a impressão de componentes na terra dentro de um volume de tempo e espaço, a compreensão da sua importância e a projeção do seu estatuto mais cedo ou mais tarde (Endsley, 1988)". Deste modo, a atenção à circunstância pode ser entendida como um modelo mental da circunstância presente que dá a premissa para a determinação das actividades. Os condutores, por exemplo, devem formar presunções sobre a melhoria de uma circunstância de movimento. Se um automóvel vai parar ou se um transeunte vai atravessar a rua, etc. Para cada atividade realizada que tenha impacto na circunstância, o modelo deve ser "reavivado". A atenção à circunstância é, desta forma, um estado e um procedimento (Baumann et al., 2006).

Também três segmentos da atenção às circunstâncias: visão dos componentes da terra e compreensão da sua importância em relação à tarefa, e projeção do seu estatuto mais cedo ou mais tarde. O nível um é presumivelmente o componente mais crucial da atenção às circunstâncias. Na fase principal, os sinais ecológicos são vistos. Estes sinais podem ser claros, como uma advertência, ou despretensiosos, como uma ligeira alteração num segmento motor (Weller et al., 2006).

Não ver os sinais imperativos na terra aumentaria definitivamente a probabilidade de formar uma imagem errada da circunstância e, desta forma, aumentar a probabilidade de um acidente. Uma parte dos sinais discretos pode ser vista involuntariamente (Endsley, 2000). Além disso, o tipo de dados que são vistos depende do comportamento do condutor e das restrições do seu quadro tangível. Num percurso natural, o condutor não vai deixar de prestar atenção aos sinais de trânsito. É, portanto, concebível que ele gere dados imperativos (Otte e Kuhnel, 1982)

Um caso ilustra a eficácia com que os dados essenciais podem ser supervisionados. "Uma senhora, que se apresentava como condutora amadora, colidiu com um automóvel que se aproximava e que ia no seu caminho. O problema foi o facto de esta senhora não ter visto um local de desenvolvimento e um sinal que indicava que um caminho estava fechado. A senhora relatou que, de um modo geral, passava por esta rua todos os dias e, por isso, não esperava qualquer desvio". Na hipótese de ter visto o sinal de aviso, o RTA não teria acontecido. A senhora tinha um baixo nível de atenção às circunstâncias. Para além disso, esta normalidade da consciência situacional mostra que mesmo os condutores experientes cometem erros, uma visão apoiada por numerosos analistas conhecidos sobre os componentes humanos, como no segundo nível, os dados aparentes são traduzidos. Numerosos dados devem ser incorporados e decididos quanto ao seu significado para a projeção do indivíduo (Reason, 2000).

Em suma, quanto mais acessíveis forem os dados, mais exigente é o procedimento. É evidente que este facto torna o nível indefeso contra tarefas adicionais (por exemplo, discussões). O impacto das tarefas extra na atenção às circunstâncias e a forma como a atenção às circunstâncias se identifica com as ideias de carga de trabalho, memória de trabalho e memória de longo prazo é descrito noutro lugar (Endsley e Garland, 2000; Ma e Kaber, 2005). Tendo em conta os dados aparentes e a sua elucidação, o indivíduo imagina circunstâncias futuras (nível três).

2.2.5 Sistemas Fuzzy

Uma concentração diferente para impedir e supervisionar o derramamento de sangue nas ruas é a utilização de controlos de atividade fofos para aumentar a segurança da atividade nos cruzamentos, beneficiando tanto quanto possível da capacidade do cruzamento e minimizando os acidentes. Os sinais de movimento são a estratégia mais razoável para controlar a atividade num cruzamento ou caminho movimentado. A observação e o controlo do movimento na estrada/caminho é uma questão digna de nota em muitos países, incluindo o Quénia, devido ao aumento do número de veículos (Larkin, L. I., 1985).

Os avanços nas estradas têm uma fase inferior que leva a problemas de bloqueio de movimento ou de entupimento. A sobrecarga de atividade ou o entupimento têm uma tonelada de variáveis que contribuem para os percalços na rua, como a atribuição de veículos no caminho/rua, o modo de vida humano, a conduta aberta e o quadro de luzes de movimento são uma questão digna de nota. Uma estrutura de luzes de atividade controla o movimento no cruzamento/ponto de passagem em conjunto com um polícia de trânsito que permanece numa convergência de atividade todos os dias para vencer este problema de bloqueio, particularmente nas horas de ponta.

A execução e a estrutura de um quadro de controlo de atividade inteligente que utiliza a inovação racional fofa tem a capacidade de copiar a perceção humana para controlar as luzes de movimento. A inovação racional permite o cumprimento de padrões genuínos que é como um ser humano pensaria. O raciocínio fofo é útil para controlar e cuidar do caminho dos pontos de cruzamento, uma vez que são melhor contrastados com os polícias de movimento que, de vez em quando, recuam o controlo da bandeira de atividade quando a convergência é pressionada.

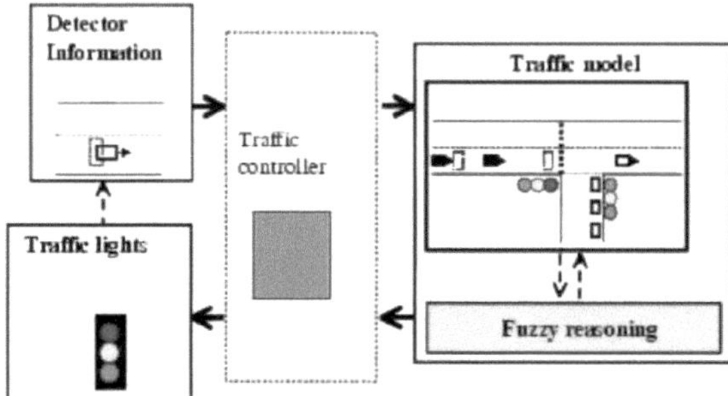

Figura 5: Estrutura do sistema fuzzy para utilização em intersecção sinalizada (Kamlesh Kumar P. et al...2015)

A partir do esboço acima, o controlador de raciocínio fluffy realiza o controlo de convergências através da fuzzificação, alterando a contribuição fresca para a contribuição fluffy, alterando o conjunto fresco para um conjunto fluffy, verificando a quantidade de veículo através de um sensor num pedido de aumento e enviando este número de contagem para a estrutura de fuzzificação. A estrutura de liderança básica da fluffy obtém uma linha de estima fluffy da fuzzificação, a partir da qual estabelece uma escolha utilizando a base de informações e a base de dados de administração fluffy. Depois disso, o resultado é enviado para a fuzzificação através de uma variável de rendimento e de uma Base de Conhecimento cujo ponto fundamental é decidir a melhor abordagem para a informação conhecida, diminuindo a quantidade de veículos num caminho de ponto de passagem (O. Cordon et. al, 1997)

A partir do gráfico acima, o método de raciocínio do controlador termina o controlo das junções através da fuzzificação, mudando o novo compromisso para o compromisso fleecy, mudando o conjunto crisp para um conjunto soft, verificando a quantidade de veículos através de um sensor numa procura de expansão e enviando este número de contagem para a estrutura de fuzzificação. A estrutura de administração essencial e confortável obtém uma linha de consideração suave da fuzzificação, a partir da qual toma uma decisão utilizando a base de dados e a base de dados de regulação flexível. Depois disso, o resultado é trocado pela fuzzificação através de um método para a variável de rendimento e uma Base de Conhecimento cujo ponto de orientação é escolher o melhor curso de ação para dados conhecidos, diminuindo a quantidade de veículos de uma forma conjunta (Kamlesh Kumar P. et al..2015)

Em conclusão, o sensor é o equipamento chave do controlador e canaliza o desenvolvimento e envia informações para um controlador almofadado onde o controlador macio verifica a base de dados de construção de supervisão e toma uma decisão à luz da conclusão da ação. O método de raciocínio confortável no controlo dos sinais de ação melhora o desenvolvimento e a segurança no ponto de passagem, tirando o máximo partido da convergência e minimizando a tendência para os veículos. A partir do gráfico acima, o controlador de razão de penas termina o controlo das junções através da fuzzificação, mudando o novo compromisso para um compromisso confortável, mudando o novo conjunto para um conjunto flexível, verificando a quantidade de veículos através de um sensor numa demanda de expansão e enviando este número de contagem para o sistema de fuzzificação. A estrutura de administração fundamental de penas toma uma linha de consideração fleecy da fuzzificação, a partir da qual toma uma decisão usando a base de dados e a base de dados de supervisão suave. Depois disso, o resultado é trocado com a fuzzificação através de um método para a variável de rendimento e uma Base de Conhecimento cujo ponto padrão é escolher o melhor curso de ação para dados conhecidos, diminuindo a quantidade de veículos de uma forma satisfatória.

Em conclusão, o sensor é o equipamento central do controlador, que canaliza o desenvolvimento e envia informações para um controlador flexível, onde o controlador almofadado verifica a base de dados de construção de supervisão e toma uma decisão à luz da conclusão do movimento. A justificação almofadada no controlo dos sinais de ação melhora o desenvolvimento e a segurança no ponto de passagem, tirando o máximo partido da convergência e minimizando a tendência para os veículos. A partir do diagrama acima, o controlador do método de raciocínio almofadado cumpre o controlo das uniões através da fuzzificação, alterando o compromisso nítido para o compromisso de penas, alterando o novo conjunto para um conjunto confortável, verificando a quantidade de veículos através de um sensor numa procura de expansão e enviando este número de contagem para a estrutura de fuzzificação. O sistema de administração essencial de penas toma uma linha de consideração amortecida da fuzzificação, a partir da qual toma uma decisão utilizando a base de dados e a base de dados de gestão de penas. Depois disso, o resultado é trocado pela fuzzificação através de um método para a variável de rendimento e uma Base de Conhecimento cuja regra é escolher o melhor plano de jogo para os dados conhecidos, diminuindo a quantidade de veículos de uma forma conjunta (A Bardossy et al..1995).

Em conclusão, o sensor é o principal equipamento do controlador e canaliza o desenvolvimento e envia informações para um controlador suave, onde o controlador emplumado verifica a gestão da base de dados de construção e toma uma decisão à luz da conclusão do movimento. O método de raciocínio flexível no controlo dos sinais de ação melhora o desenvolvimento e a segurança no ponto de passagem, tirando o máximo partido da convergência e minimizando a tendência para os veículos. A partir do diagrama acima, o controlador de raciocínio suave cumpre o controlo da fusão através da fuzzificação, alterando o novo compromisso para um compromisso confortável, alterando o conjunto de dados para um conjunto de dados amortecido, verificando a quantidade de veículos através de um sensor numa demanda de expansão e enviando este número de contagem para o sistema de fuzzificação. O sistema de autoridade fundamental de penas toma uma linha de consideração fleecy da fuzzificação, a partir da qual toma uma decisão utilizando a base de dados e a base de dados de supervisão suave. Depois disso, o resultado é trocado com a fuzzificação através de um método para a variável de rendimento e uma Base de Conhecimento cujo ponto de orientação é escolher o melhor plano para os dados conhecidos, reduzindo a quantidade de veículos de uma forma conjunta (Patcha e J.M. Park, 2007)

Em conclusão, o sensor é o principal equipamento do controlador e canaliza o desenvolvimento e envia informações para um controlador confortável, onde o controlador flexível verifica a base de dados de construção regular e toma uma decisão à luz da conclusão do movimento. O método de raciocínio flexível no controlo dos sinais de ação melhora o desenvolvimento e a segurança no ponto de passagem, tirando o máximo partido da convergência e minimizando a tendência para os veículos. A partir do gráfico acima, o método de raciocínio do controlador alcança o controlo dos sindicatos através da fuzzificação, alterando o compromisso nítido para o compromisso suave, alterando o novo conjunto para um conjunto flexível, verificando a quantidade de veículos através de um sensor numa procura de expansão e enviando este número de contagem para a estrutura de fuzzificação. O sistema de autoridade fundamental emplumado toma uma linha de consideração amortecida da fuzzificação, a partir da qual toma uma decisão utilizando a base de dados e a base de dados direta suave. Depois disso, o resultado é negociado para a fuzzificação por método para a variável de rendimento e uma base de conhecimento cujo ponto padrão é escolher o melhor curso de ação para dados conhecidos, diminuindo a quantidade de veículos de uma forma de reunião (Kamlesh Kumar P. et al..2015)

Em conclusão, o sensor é o equipamento básico do controlador e canaliza o desenvolvimento e envia informações para um controlador confortável onde o controlador almofadado verifica a base de dados de construção direta e toma uma decisão à luz da conclusão do movimento. A justificação almofadada no controlo dos sinais de ação melhora o desenvolvimento e a segurança no ponto de passagem, tirando o máximo partido da convergência e minimizando a tendência para os veículos. A partir do gráfico acima, o controlador de razão confortável alcança o controlo das reuniões através da fuzzificação, alterando o compromisso nítido para o compromisso amortecido, alterando o novo conjunto para um conjunto flexível, verificando a quantidade de veículos através de um sensor numa procura de expansão e enviando este número de contagem para o sistema de fuzzificação. O sistema de autoridade essencial da Fleecy toma uma linha de consideração confortável da fuzzificação, a partir da qual toma uma decisão utilizando a base de dados e a base de dados de gestão de penas. Depois disso, o resultado é trocado pela fuzzificação através de um método para a variável de rendimento e uma Base de Conhecimento cujo ponto de orientação é escolher o melhor plano de jogo para os dados conhecidos, diminuindo a quantidade de veículos de uma forma combinada (Y. Jin, 2000)

Em conclusão, o sensor é o principal equipamento do controlador e canaliza o desenvolvimento e envia informações para um controlador emplumado onde o controlador emplumado verifica a gestão da base de dados e toma uma decisão à luz da conclusão da ação. O método de raciocínio emplumado no controlo dos sinais de ação melhora o desenvolvimento e a segurança no ponto de passagem, tirando o máximo partido da convergência e minimizando a tendência para os veículos. A partir do diagrama acima, o controlador de justificação almofadada termina o controlo das junções através da fuzzificação, alterando o compromisso nítido para o compromisso confortável, alterando o novo conjunto para um conjunto suave, verificando a quantidade de veículos através de um sensor numa procura de expansão e enviando este número de contagem para o sistema de fuzzificação. O sistema de autoridade fundamental e confortável obtém uma linha de consideração de penas da fuzzificação, a partir da qual toma uma decisão utilizando a base de dados e a base de dados de regulação suave. Depois disso, o resultado é trocado pela fuzzificação através de um método para a variável de rendimento e uma base de conhecimento cujo ponto de orientação é escolher o melhor plano de jogo para os dados conhecidos, reduzindo a quantidade de veículos de uma forma fundida (Jui, Y.,. et al..2015)

Em conclusão, o sensor é o principal equipamento do controlador e canaliza o desenvolvimento e envia informações para um controlador confortável, onde o controlador flexível verifica a gestão da base de dados de construção e toma uma decisão à luz da conclusão da ação. A razão plumosa no controlo dos sinais de ação melhora o desenvolvimento e a segurança no ponto de passagem, tirando o máximo partido da convergência e minimizando a tendência para os veículos. A partir do diagrama acima, o controlador de justificação de penas cumpre o controlo das fusões através da fuzzificação, alterando o novo compromisso para um compromisso amortecido, alterando o conjunto de dados para um conjunto de dados suave, verificando a quantidade de veículos através de um sensor numa procura de expansão e enviando este

2.3 Processos de modelação

Um modelo matemático é uma descrição de um sistema utilizando conceitos e linguagem matemáticos. O processo de desenvolvimento de um modelo matemático é designado por modelação matemática. Os modelos matemáticos podem assumir muitas formas, incluindo sistemas dinâmicos, modelos estatísticos, equações diferenciais ou modelos teóricos de jogos. Estes e outros tipos de modelos podem sobrepor-se, com um determinado modelo a envolver uma variedade de estruturas abstractas. Os modelos matemáticos podem incluir modelos lógicos. Neste caso do Driver Road Safety Index, a qualidade do domínio científico depende do grau de concordância entre os modelos matemáticos desenvolvidos no plano teórico e os resultados de experiências repetíveis (Bender, E, 2000).

O processo de modelação matemática consiste na representação de problemas do mundo real em termos matemáticos, numa tentativa de encontrar soluções para os problemas. Um modelo matemático é uma simplificação ou abstração de um problema ou situação (complexa) do mundo real para uma forma matemática, convertendo assim o problema do mundo real num problema matemático. O problema matemático pode então ser resolvido utilizando qualquer técnica para obter uma solução matemática. A solução pode então ser interpretada e traduzida em termos reais. A figura 6 mostra uma visão simplificada do processo de modelação matemática.

Um modelo numérico é a representação de uma estrutura utilizando ideias e dialectos científicos. O caminho para a construção de um modelo científico é designado por visualização numérica. Os modelos numéricos podem assumir várias estruturas, incluindo estruturas dinâmicas, modelos mensuráveis, condições diferenciais ou modelos teóricos de diversão. Estes e outros tipos de modelos podem abranger, num dado modelo, um conjunto de estruturas dinâmicas. Os modelos científicos podem incorporar modelos inteligentes. Para esta situação do Índice de Segurança Rodoviária do Condutor, a natureza do campo lógico depende de quão bem os modelos científicos criados no lado hipotético concordam com os efeitos posteriores de ensaios repetíveis.

O procedimento de apresentação matemática permite a representação certificada de questões em termos numéricos, tentando descobrir respostas para essas questões. Um modelo científico é um desdobramento ou deliberação de uma questão ou circunstância verdadeira (incompreensível) numa forma numérica, transformando assim esta questão da realidade atual numa questão científica. A questão científica pode então ser resolvida utilizando qualquer método para obter um arranjo numérico. A disposição pode então ser decifrada e convertida em termos genuínos. A figura 6 mostra uma perspetiva simplificada do processo de representação numérica.

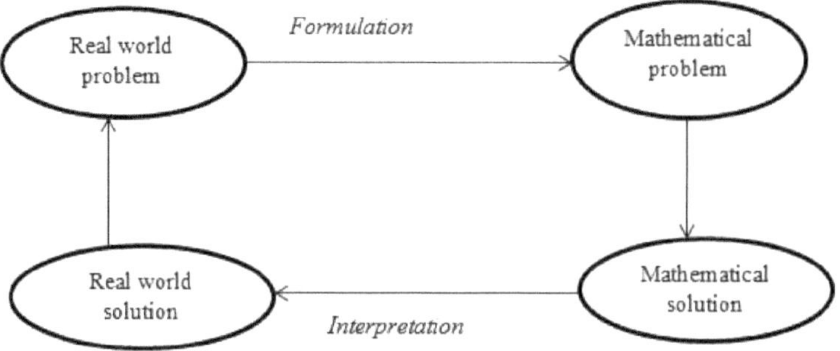

Figura 6: Uma visão simples do processo de modelação matemática

Esta é uma definição terrivelmente desordenada para o complexo procedimento padrão de apresentação (Swetz e Hartzler, 1991). A fase inicial da exposição científica é esta questão ou circunstância da realidade atual. A ênfase está em tratar de um problema em vez de encontrar uma resposta que deve existir. A questão não será totalmente explicada, mas o facto de passar de uma fase para outra aproxima a resposta. Noutras circunstâncias, a suposição de que a resposta a uma questão não é uma "resposta correcta" ou não existe ou é inacessível (Arora M, 1991).

Através da exposição científica, o pensamento crítico pode ser realizado numericamente. A aritmética deve ser exibida na vida real, em vez de ser um arranjo confuso de fórmulas escritas na ardósia. A aritmética deve ser posta em prática e concentrar-se na razão pela qual a ciência existe em qualquer caso. Além disso, são utilizadas numerosas aptidões de teste e de dinamização no âmbito da criação de modelos, as quais têm sido frequentemente ignoradas na aritmética escolar convencional. O quadro que relaciona os contributos com os rendimentos assenta em factores como: factores de escolha, factores de estado, factores exógenos e factores irregulares. Na conceção, os modelos científicos são utilizados para amplificar um rendimento específico. O quadro requer determinadas fontes de dados (Abrams, 2001).

Os factores autónomos são também designados por factores de decisão. Os factores exógenos são conhecidos como parâmetros ou constantes. Os factores não são independentes uns dos outros, uma vez que os factores de estado dependem dos factores de escolha, informativos, irregulares e exógenos. O estado da máquina é afetado pelos factores autónomos (North, D.W. 1968). Embora não haja restrições quanto à quantidade de capacidades e requisitos que um modelo pode ter, o aperfeiçoamento do modelo acaba por ser mais complexo (do ponto de vista computacional) à medida que o número aumenta.

As funções dos factores de rendimento ou factores de estado passam a ser objectivos e limitações do quadro e dos seus clientes (Dodge .Y, 2003). As capacidades-alvo dependerão do ponto de vista do cliente do modelo. Dependendo da situação específica, uma capacidade-alvo é também designada por lista de execução, uma vez que é importante para o cliente. A demonstração científica é utilizada como parte da construção para dissecar uma estrutura a ser controlada ou actualizada. Um modelo elucidativo da estrutura pode ser trabalhado como uma especulação de como a estrutura poderia funcionar, ou tentar avaliar como uma ocasião imprevisível poderia influenciar a estrutura. Para recriações na conceção, podem ser tentadas diversas metodologias de controlo (North, D.W. 1968).

Na determinação, o modelo científico retrata um quadro através de um arranjo de factores e um arranjo de condições que estabelecem ligações entre os factores. As variáveis podem ser de vários tipos: números genuínos ou inteiros, valores booleanos ou cadeias de caracteres e assim por diante. Os factores referem-se às propriedades do quadro, por exemplo, rendimentos medidos do quadro como sinais, informações de tempo, contadores e eventos ocasionais (sim/não). O modelo real é o conjunto de capacidades que descrevem as relações entre os diferentes factores.

2.4 Tecnologias utilizadas pelos modelos baseados na Web.

O reconhecimento dos massacres de rua são todos os esforços que estão unidos para moderar o número de mortos, a propriedade e os assassinatos em massa através da criação de um método para prevenir ou desviar o massacre de rua (Lee Jong-Wook e James D.W, 2004). A diminuição da selvajaria de rua num modelo em linha acontece porque os problemas de massacre de rua podem ser apanhados para utilização e análise futuras. As aplicações electrónicas normais seguem uma conceção de modelo e controlador que tem três secções, figura 1 (Trygve, 1989).

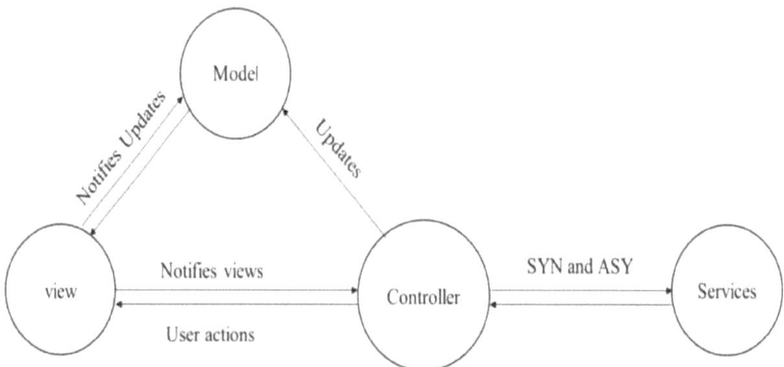

Figura 7: Componentes básicos modificados do padrão arquitetónico MVC e fluxo de informação (Trygve, 1989).

A vista apresenta as interfaces com as quais o cliente colabora e que são normalmente constituídas por dialectos de scripting como o HTML. Neste sentido, a página HTML envia dados para o controlador. O controlador reage e trata as ocasiões que são as actividades do cliente e, normalmente, introduz alterações no modelo e na vista. O modelo é a camada espacial que contém a camada de raciocínio da aplicação que acrescenta intenção à informação bruta. Além disso, contém um sistema de capacidade com uma camada de administração de activos por baixo.

O sistema de capacidade pode ser incentivado por uma base de dados, por exemplo, o MySQL, que é um rastreador da Web gratuito e amplamente acessível que pode ser utilizado como um SGBD rápido e sólido com um design de motor específico. Tem sido utilizado como parte da recolha de dados para investigação posterior em diferentes quadros, como o sistema eletrónico de bases de dados, a web e a programação web. Pode ser utilizado para construir um quadro de avaliação dos impactos criados em testes utilizando um produto ou um modelo de equipamento (San Murugesan, 2005).

2.4.1 Tecnologia GSM/GPS para controlo do tráfego

A aplicação de inovação GSM/GPS é uma mistura de tecnologia Android e serviços Web. Fornece informações sobre o transporte para utilização privada ou para utilização aberta. Fornece dados sobre: veículos de transporte do governo para administração aberta, transporte de transporte escolar, veículos individuais e cenas de acidentes, etc. Pode ser utilizado para localizar os veículos através da utilização de GPS (Global Positioning System) e GCM (Google Cloud Messaging). Ao utilizar a inovação do GPS e do GCM, demonstra a posição do veículo no Google Map ao cliente que o solicitou (E. D. Kaplan, 1996).

A inovação utiliza quatro segmentos: um servidor Web para armazenar os dados, um dispositivo GPS para localizar o veículo, um GCM e uma aplicação do lado do cliente. O servidor Web é uma vantagem da Amazon baseada na nuvem, ou seja, a Amazon Simple DB, protegida com uma base de dados em linha para armazenar dados. É como uma base de dados local, mas tem um limite de capacidade muito mais notável do que uma base de dados local carregada de segurança. O segundo é o dispositivo GPS para localizar o veículo. Esta é a parte fundamental da aplicação. Para o dispositivo GPS, utilizaram duas metodologias: inicialmente, utilizaram o Android portátil como dispositivo GPS; em segundo lugar, utilizaram um dispositivo GPS que segue o veículo. O terceiro segmento é o GCM para enviar e receber as mensagens através da web. No momento em que o seguimento é feito, o gadget GPS utiliza as coordenadas para enviar dados através da inovação GCM. A aplicação tem de ser uma interface fácil de usar para os clientes (Sayyed e k.m.rayudu, 2015).

Do mesmo modo, utilizaram o Google Cloud Messaging (GCM) para permitir o envio de informações dos servidores para as aplicações Android ou para as aplicações e expansões Chrome. A administração forneceu um sistema simples e leve que os servidores utilizaram para aconselhar aplicações versáteis a contactar o servidor especificamente, para obter uma aplicação redesenhada ou informações do cliente. A administração trata do alinhamento das mensagens e do transporte para a aplicação objetiva que corre no dispositivo objetivo. Da mesma forma, utilizaram o Google Map para mostrar a linha e colar objectos. A programação do Google Earth e do Google Map permitiram apresentações de trajectos para mostrar áreas de veículos.

O sistema de localização por GPS segue a posição atual do veículo e indica-a ao cliente que precisa de passar pelo veículo. O sistema reduz então o tempo de espera para a viagem. O dispositivo GPS envia a posição atual do veículo para o servidor. O servidor, a pedido do cliente, mostra-lhe a área atual do veículo no Google Map.

2.4.2 Geo-conferência e transporte

O quadro de dados geográficos (SIG) torna-se um instrumento capaz de supervisionar a atividade, uma vez que tem a capacidade de tratar e processar informações espaciais em grande volume. O SIG é um quadro que fornece informações, armazena, recupera, redesenha, mostra e examina minuciosamente as informações espaciais à luz do equipamento e da programação do PC (Zhang H, 2011). O SIG é uma inovação que faz mapas, coordena dados, imagina e trata de problemas e cria disposições lucrativas (Sadoun B, 2010). A aplicação do SIG para a estrutura de administração de ruas já foi utilizada anteriormente como parte de nações criadas (Yusoff N, 2014). Torna-se uma estrutura atraente para rastrear cada um dos exercícios que acontecem nas ruas e armazenar os registros para melhorias futuras.

A inovação é, além disso, uma rede de apoio emocional (DSS) para o progresso e desenvolvimento das ruas numa perspetiva de futuro. É criada como uma fase web. A inovação do GIS baseado na Web ou Web GIS para esta situação, entre numerosos avanços que podem ser adoptados para o GIS, é uma fase baseada na Internet que fornece aplicações do lado do cliente utilizando convenções WWW em execução na Web global que podem implantar informações de dados geográficos e, além disso, informações não geográficas (Feng X e Quanwen L 2010). Trata-se de um tipo de SIG que é acompanhado pela rápida melhoria da Internet. O Web GIS contém diferentes pontos de interesse em comparação com o GIS de secretária (Xie F, 2010). Assim, o SIG torna-se poderoso na administração de ruas através da programação eletrónica de SIG de fonte aberta utilizada como parte da construção do quadro, de modo a minimizar os custos de manutenção. O quadro proporcionou uma estrutura de longo alcance que observou e supervisionou as condições das ruas e que está igualmente pronta para ser acedida pelos clientes através da Internet.

A conceção do quadro foi feita através da recolha de informações SIG e relacionadas com o SIG no servidor. As informações são inicialmente designadas como imutáveis ou breves. As informações inalteradas foram submetidas a um controlo de qualidade (QA/QC) para garantir que todas as normas e pormenores exigidos foram cumpridos e que as informações estarão acessíveis a todos os clientes do quadro. A informação denominada breve está a ser criada e criada ou utilizada apenas por um determinado cliente ou grupo de clientes para um empreendimento específico num período de tempo limitado (Goodchild M, 2010). Enquanto as informações duradouras podem ser guardadas num único e especial conjunto de envelopes e subpastas, as informações breves requerem um conjunto de organizadores e subpastas para que a capacidade seja distribuída ao cliente ou conjunto de clientes.

O Web GIS tem a capacidade de informar, preparar e, em última análise, visualizar os resultados no ecrã utilizando a fase web. O esboço da estrutura é a estratégia principal na melhoria da Web. Demonstrou os segmentos gerais da estrutura. A melhoria da Web tem três segmentos cruciais para a fazer funcionar eficazmente. A engenharia do plano de estrutura é apresentada abaixo.

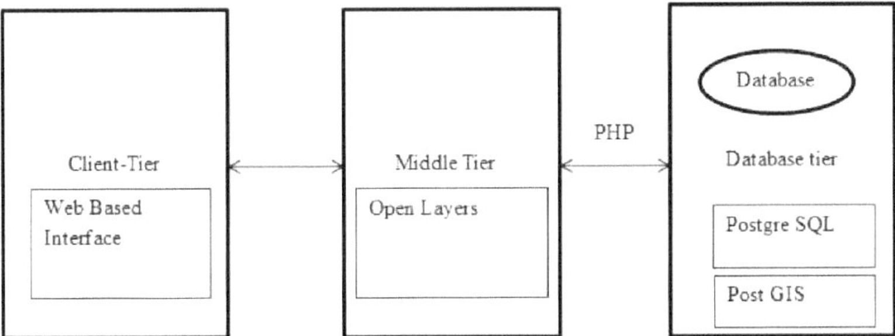

Figura 8: A arquitetura de um sistema SIG baseado na Web (fonte: Goodchild M, 2010).

O nível cliente do SIG em linha utiliza um programa web para apresentar os dados aos clientes. Este nível transforma-se na interface para obter o tratamento dos pedidos dos clientes. O nível do cliente suporta diversos programas Web, por exemplo, Internet Explorer, Mozilla Firefox, Google Chrome e outros. O programa Web permite aos clientes introduzir os seus pedidos (Fitzpatrick J., 2009). Construíram uma interface utilizando o dialeto de marcação de hipertexto (HTML) como principal script de programação da interface. A substância da página do sítio foi composta na componente HTML da moldura antes de ser distribuída no programa Web. Implantaram o dialeto JavaScript nos scripts HTML para produzir uma representação inteligente e dinâmica.

A página principal da estrutura que se relaciona com os clientes é o nível do cliente. A interface de utilizador realista (GUI) recebe os pedidos dos clientes através do programa Web. Nessa altura, as solicitações são transferidas para o nível da base de dados para serem tratadas. A informação necessária será recuperada da base de dados focal ao nível da base de dados. Desta forma, o resultado será novamente trocado através do nível web e imaginado no nível do cliente para o utilizador. O nível intermédio torna-se o nível mais essencial de toda a estrutura. Este nível tem por objetivo controlar todo o processo do quadro. Depois de o nível do cliente receber as solicitações do cliente, os resultados serão enviados de volta ao cliente através do middleware. Serve de meio de suporte entre o nível do cliente e o nível da base de dados para a estrutura SIG Web.

A associação utilizou HTTP e SQL para decifrar entre eles. O sistema Open Layers foi anexado a este nível para a perceção do guia. O Open Layers é uma capacidade intensa e adaptável para mostrar mapas em programas Web utilizando a biblioteca JavaScript. É o estabelecimento de todos os sistemas de mapeamento de redes, por exemplo, Google Maps, Open Street Map, Google Satellite, Yahoo Maps e Bing Maps. Utiliza três aplicações de mapeamento da Web que incorporam o Google Maps, o Google Satellite e o Open Street Map para procurar uma variedade de apresentações de interface.

O nível da base de dados ou do servidor é o nível que armazena e recupera os dados neste quadro. É o quadro de administração da base de dados (SGBD) para esta rede. A base de dados Postgre SQL/Post GIS foi instalada no nível da base de dados para supervisionar e fornecer informações aquando da execução da preparação. O dialeto de scripting do lado do servidor Hypertext preprocessor (PHP) ao nível do cliente fala com o nível da base de dados. O código PHP foi implantado no código HTML. No momento em que os clientes invocam a página HTML, o servidor Web executa os scripts, que assim obtêm as informações da base de dados Postgre SQL/Post GIS. O servidor Web compõe então a informação numa página HTML e envia-a de volta para o programa. Assim, os clientes podem ver na página do sítio os dados da rua e o percurso mais limitado que foi recuperado da base de dados (Perez AS, 2012).

Para dar início ao processo de georreferenciação do erro, foi criada uma Geodatabases utilizando programação, designada por "Sinistralidade07", na qual foram incluídos três elementos do conjunto de dados caracterizados na estrutura de organização do Datum 73 Hayford Gauss (uma estrutura de organização é uma estrutura que utiliza um arranjo de números, ou facilidades, para decidir particularmente a posição de um ponto ou outro componente geométrico), uma vez que esta estrutura é determinada para os ortofotomapas utilizados como padrão de trabalho (Esri, 2015)

Uma vez terminada a georreferenciação para todos os acidentes, com o registo de forma a decidir o ID do acidente, o ID do B.E.A.V. e a forma do acidente (utilizando três classes gerais - Colisão de Veículos, Saída de Estrada e Colisão de Peões), inclui os dados na tabela General utilizando o aparelho Join do ArcGIS. Os dados de identificação normal dos acidentes permitiram que os focos georreferenciados no Sistema de Informação Geográfica (SIG) fossem ligados à tabela (Hackeloeer, A., 2014)

Para afirmar eficazmente as áreas de risco antes de as introduzir na fase Google Earth, devem ser possíveis visitas ao local em paralelo. Durante as visitas ao local são tiradas fotografias. De igual modo, para verificar os dados das áreas afectadas, é necessário material de apoio GPS. Todos os focos que já foram georreferenciados são introduzidos no GPS da mesma forma: As direcções decimais WGS84 foram adicionadas aos focos do ArcMap (instrumento utilizado: Add XY Coordinates); Foi utilizada uma tabela Excel pré-definida com as direcções e os campos de número de registo de acidentes arredondados; por fim, os dois documentos foram introduzidos no aparelho GPS.

Para exibir as mensagens de contorno expressivas, a tabela de conteúdo do Excel deu instrumento deveria ter sido alterada através de: retificação das condensações, nomes de estradas e conteúdo extra na tabela. Nessa altura, os títulos de cada campo caracterizavam-se com secções feitas na tabela para cada caraterística a ser introduzida. Por fim, foi elaborado um documento Word com todos os dados relativos a cada linha da tabela.

2.5 Teorias que informam o estudo

2.5.1 A utilização do modelo de aceitação da tecnologia (TAM)

O Modelo de Aceitação de Tecnologia (TAM) é utilizado como base neste estudo por duas razões: (a) é fácil de aplicar e (b) proporciona uma melhor compreensão da relação entre as variáveis utilizadas no estudo (Amin, 2008). Além disso, é um dos modelos mais influentes que têm sido amplamente utilizados nos estudos dos determinantes da aceitação dos sistemas de informação (Ramayah e Jantan, 2004). Introduzido em 1989 por Fred D. Davis, o TAM é uma teoria dos sistemas de informação que modela a forma como os utilizadores aceitam e utilizam uma tecnologia.

O TAM é uma adaptação da TRA e foi especificamente concebido para modelar a aceitação dos sistemas de informação pelos utilizadores (Venkatesh, 2000; Ramayah & Jantan, 2004; Sun & Zhang, 2006; Amin, 2007a; Chung, 2008). O TAM é geralmente estabelecido para fornecer uma explicação dos determinantes da aceitação da tecnologia e capaz de explicar o comportamento dos utilizadores numa vasta gama de tecnologias e populações de utilizadores finais, sendo ao mesmo tempo parcimonioso e teoricamente justificado (Alrafi, 2006; Amin, 2007b; Amin, Baba & Muhammad, 2007; Amin, 2008; Chung, 2008). O modelo propõe que, quando os utilizadores são apresentados a uma determinada tecnologia, duas crenças específicas, nomeadamente a utilidade percebida e a facilidade de utilização percebida, afectam a sua intenção comportamental de utilizar o sistema.

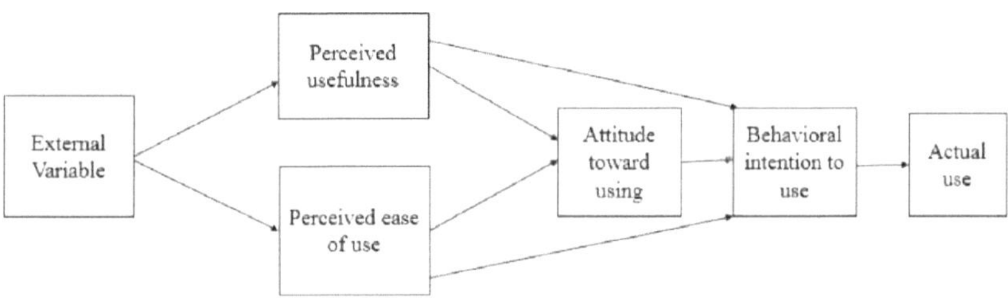

Figura 8:TAM Ali H. Al-Badi, Abdullah S. Al-Rashdi e Taher A. Ba-Omar, 2011 Aceitação de Tecnologia: Estudo de caso de inquéritos sobre cursos e ensino na Universidade Sultan Qaboos.

O Modelo de Aceitação de Tecnologia tem sido estudado em vários contextos. Por exemplo, Leong (2003) efectuou um estudo sobre a robustez do TAM após uma década da sua criação, para descobrir se o TAM continua a ser válido após as rápidas mudanças nos sistemas e nas tecnologias. Replicou Davis et al. (1989) e utilizou o Ms Access como software de aplicação no seu estudo. Os resultados confirmaram a aplicabilidade do TAM às tecnologias recentes, mostrando que as duas crenças mais importantes do TAM continuam a ter efeitos significativos na utilização da tecnologia testada. Hu, Clark e Ma (2003) efectuaram um estudo longitudinal sobre a aceitação da tecnologia pelos professores de Hong Kong. Estes autores concluíram que a perceção de utilidade era o fator determinante mais importante para a aceitação da aplicação Power Point pelos professores. No entanto, contrariamente a Davis et al. (1989), a perceção da facilidade de utilização não mostrou um efeito significativo na intenção.

Segundo Hu et al., este resultado contrário pode dever-se ao facto de a relevância profissional ser considerada muito mais importante do que a facilidade de utilização. Assim, mesmo que a tecnologia seja fácil, não será utilizada se não for considerada útil ou relevante para o trabalho. Na Malásia, Md Noor, Hashim, Haron e Ariffin (2005) estudaram o efeito da perceção da confiança, do risco e da partilha na intenção de partilhar e na partilha efectiva de informações nos sítios Web de viagens e turismo do cliente para a comunidade (C2C). Contrariamente a outras conclusões do TAM, este estudo concluiu que a utilidade percebida e a facilidade de utilização do sítio Web de partilha de conhecimentos não contribuíram para a intenção de comportamento. Ignatius e Ramayah (2005) realizaram uma investigação empírica sobre o modelo de aceitação de sítios Web de cursos (CWAM), que é uma modificação do TAM (Davis et al., 1989), para investigar a aceitação de sítios Web de cursos entre estudantes universitários e sugeriram que a cultura pode ter um efeito potencial na adoção de tecnologias da informação, especialmente nos países em desenvolvimento. Amin (2008) apresentou um estudo sobre os factores que influenciam as intenções dos clientes na Malásia de utilizarem cartões de crédito para telemóveis e concluiu que as variáveis TAM afectaram significativamente a intenção dos clientes de utilizarem cartões de crédito para telemóveis. Anteriormente, Amin et al. (2007) efectuaram um estudo sobre a aceitação de serviços bancários móveis por parte dos clientes da Malásia, tendo acrescentado ao TAM a credibilidade percebida, a auto-eficácia percebida e a pressão normativa. Descobriram que todos os elementos são factores significativos da intenção comportamental, exceto a pressão normativa, em que este fator não tem um efeito significativo na intenção de utilizar a banca móvel.

Para além da banca móvel, foram também realizados estudos sobre a aceitação da banca pela Internet na Malásia. Md Nor (2008) estudou o impacto da etnia na adoção da banca pela Internet. Seleccionou grupos étnicos malaios e chineses e comparou as suas percepções sobre a adoção de serviços bancários pela Internet. Verificou que os malaios e os chineses consideravam a confiança como o fator mais influente na adoção de serviços bancários pela Internet na Malásia. No entanto, os chineses também deram mais importância à perceção de utilidade do que os malaios. Segundo Md Nor, este resultado pode dever-se às características culturais dos chineses, que tendem a dar mais importância aos benefícios que obterão antes de adoptarem qualquer tecnologia.

Outro estudo sobre a adoção da banca pela Internet foi realizado por Lallmahamood (2007), que considerou a segurança e a privacidade percebidas como o segundo elemento importante na adoção da banca pela Internet, depois da utilidade percebida. Verificou que a utilidade percebida, a facilidade de utilização e a credibilidade explicaram aproximadamente 53,2% da variação na intenção de adotar a banca pela Internet.

Ramayah, Mohd Suki e Ibrahim (2005) examinaram a aceitação da tecnologia do sistema de pagamento de facturas em linha e encontraram apoio para a aplicabilidade do TAM na explicação da intenção de utilizar o sistema de pagamento de facturas em linha entre os estudantes de pós-graduação na Malásia. O TAM também foi testado no domínio da fiscalidade. Os serviços fiscais em linha foram criados para oferecer mais comodidade e acessibilidade aos serviços e informações fiscais aos contribuintes. Wang (2002) realizou um estudo empírico sobre a adoção de sistemas de arquivo eletrónico em Taiwan e concluiu que o TAM alargado contribui com 62% da variação explicada na intenção comportamental. Os resultados mostraram que a perceção de utilidade, a facilidade de utilização e a credibilidade tiveram um efeito significativo na intenção comportamental, tendo a perceção de facilidade de utilização contribuído mais para a intenção do que as outras variáveis.

Hung etal. realizaram um estudo em Taiwan para investigar os factores determinantes da aceitação pelos utilizadores do pagamento de impostos em linha. (2006). No entanto, em Taiwan, as facilidades de declaração e pagamento de impostos em linha estão incorporadas num único sistema, designado por Online Tax Filing and Payment System (OTFPS). Os autores utilizaram a teoria TPB decomposta, que também inclui as variáveis TAM, para explicar a aceitação do OTFPS por parte dos contribuintes de Taiwan. Os resultados mostraram que o modelo explicava 72% da variação da intenção e que ambas as variáveis TAM eram determinantes significativas da intenção de utilizar o OTFPS.

Na Malásia, Lai, Sheikh Obid e Meera (2005) testaram empiricamente a aceitação do sistema e-Filing entre os profissionais das finanças. Concluíram que o sistema e-Filing era considerado útil e fácil de utilizar e que os inquiridos tinham atitudes positivas em relação à utilização do sistema.

2.5.2 Adoção de tecnologias

A emergência do governo eletrónico, o chamado e-government, é a prova da utilização bem sucedida do sistema de informação nas organizações governamentais. A tecnologia da Internet é comprovadamente o meio mais poderoso e popular de administração pública em todo o mundo (Wangpipatwong, Chutimaskul & Papasratorn, 2008).

Gilbert e Balestrini (2004) realizaram um estudo para identificar os factores relacionados com os benefícios e os obstáculos à adoção da administração pública eletrónica. Encontraram nove factores importantes para a adoção da administração pública, três dos quais, nomeadamente menos tempo, custo e evitar a interação, estão relacionados com os benefícios, enquanto os outros seis, nomeadamente a experiência, a qualidade da informação, a segurança financeira, o baixo nível de stress, a confiança e a atração visual, são factores relacionados com os obstáculos à adoção. Concluíram que é pouco provável que a taxa de adoção aumente se os factores relacionados com os obstáculos não forem devidamente tratados. Assim, a aceitação dos utilizadores tem um impacto crítico no êxito do sistema adotado. Se os utilizadores não estiverem dispostos a aceitar um novo sistema de informação, este não trará todos os benefícios para a organização que o criou. De acordo com Pikkarainen et al. a utilização de um sistema pode ser um indicador do sucesso do sistema de informação. O facto de o sistema ser considerado bom ou mau depende da perceção que os utilizadores têm do sistema. Se os utilizadores considerarem que o sistema é inútil e não o aceitarem, então esse sistema não pode ser considerado um sistema eficaz, mas se os utilizadores considerarem que o sistema é útil e o aceitarem, então o sistema atingiu o seu objetivo em termos de eficiência e eficácia. Por outras palavras, por muito bom que seja o sistema, sem utilizadores, o sistema continuaria a ser um fracasso. Como tal, para garantir o êxito de qualquer sistema desenvolvido, é vital descobrir as razões pelas quais as pessoas decidem utilizar ou não o sistema de informação e determinar os factores que podem afetar a sua aceitação desses sistemas.

2.7 Resumo da literatura analisada

Como consequência da revisão dos escritos relacionados, várias variáveis contribuem para o perigo de atropelamento, incluindo o contorno do veículo, a velocidade de operação, o plano da rua, o ambiente da rua e a aptidão do condutor, a fraqueza devido a bebidas alcoólicas ou medicamentos, e a conduta, nomeadamente o excesso de velocidade e a pressa na estrada. Em todo o mundo, os impactos dos veículos motorizados provocam mortes e deficiências e, além disso, despesas relacionadas com o dinheiro, tanto para a sociedade como para as pessoas envolvidas.

Os acidentes de viação podem ser organizados em frente, descolagem de rua, traseira, colisões laterais e capotamentos. Apesar do fato de que os acidentes de carro são incomuns em relação à quantidade de veículos e à separação que eles viajam, cuidar dos elementos contribuintes pode diminuir sua probabilidade. Por exemplo, a sinalização adequada pode diminuir o erro do motorista e, ao longo dessas linhas, diminuir a recorrência de acidentes em um terço ou mais.

Além disso, a partir do quadro de correspondência V2V escrito, estão subjacentes os quadros de ajuda ao condutor atualmente acessíveis. Com a ajuda dos parâmetros comunicados do veículo, as capacidades versáteis de controlo da viagem e de piloto de paragem podem ser melhoradas. Com a facilidade única das unidades de estrada (RSU), a capacidade de reconhecimento dos sinais de trânsito pode ser mantida e a qualidade inabalável pode ser melhorada. Em casos extraordinários, pode oferecer capacidades de bem-estar se houver uma ocorrência de altura de andaime ou passagem ou largura de entrada. Outro domínio vital de utilização pode ser o policiamento e a exigência. A polícia pode utilizar a correspondência V2V de várias formas, nomeadamente verificando os princípios de movimento, por exemplo, vigilância (por exemplo, encontrar veículos roubados), estimativas de velocidade, ordens de paragem, passagem de semáforos e passagens limitadas.

A administração coordenada das vias rodoviárias tem uma grande centralidade de direção para a administração de vias rápidas e um quadro mestre de administração de actividades astuto que utiliza a inovação RFID. A estrutura fornece, para todos os efeitos, dados essenciais de acumulação e controlo de informações sobre a atividade e pode seguir veículos criminosos ou ilícitos, por exemplo, automóveis roubados ou veículos que se esquivam de bilhetes, portagens ou taxas de circulação. Ao fazê-lo, aumentam a produtividade, uma vez que a RFID é uma inovação excecionalmente constante. Com a eliminação da associação humana em todo o processo de cobrança de portagens, foi igualmente criada uma estrutura ETC superior na Malásia. No entanto, a inovação da RFID tem desertos em partes de padrão, correspondências, segurança e custo.

No ScanTraffic, indicou como uma configuração adequada do sistema/programação é importante para utilizar completamente os destaques das câmaras inteligentes. Foi fabricado à luz de Mirtes e dos cálculos de visão inseridos que eram trabalhos anteriores da reunião. Eles efetivamente incorporaram o cálculo de visão escalado com Mirtes sem barganhar seus elementos contínuos e adicionaram procedimentos de correção de erros a Mirtes, a fim de resolver os problemas de correspondência apresentados por situações genuínas. Seja como for, requerem RSSF escalares convencionais, como a configuração remota e a atualização do código. A engenharia é suficientemente geral para ser reutilizada em diferentes aplicações, não se identificando verdadeiramente com o espaço ITS.

O avanço da estrutura de longo alcance para a estrutura de administração de ruas foi produzido através da utilização de programação de código aberto. A programação livre foi utilizada como parte do Web GIS, que se tornou a parte central da estrutura, uma vez que pode reforçar a informação sobre as ruas, que inclui informação espacial e não espacial. O desenvolvimento do quadro incluiu duas secções: o plano do quadro e a melhoria do quadro. Este quadro é vantajoso para o executivo de rua, pois permite acumular dados numa base de dados solitária e escolher uma rede de apoio emocional para a manutenção da rua. Da mesma forma, dá a perceção aos clientes abertos para organizarem a sua viagem. A estrutura de administração das ruas é alterada, pois as informações são recolhidas de organizações relacionadas e integradas na base de dados. A base de dados será mais redesenhada e a natureza da informação é afirmada. Diferentes componentes, por exemplo, fotografias e gravações, podem ser transferidos para a base de dados para melhorar a delimitação.

Em conclusao, os esforços de gestao do tráfego destinam-se a aumentar a eficácia da organização dos transportes, fornecendo dados quer aos proprietários do sistema de transportes quer aos condutores do sistema.

2.8 Lacuna de investigação

A partir da escrita, o analista notou que os poderes e parceiros de bem-estar rodoviário até à data ainda não se comprometeram suficientemente com a reflexão sobre o requisito do Índice de Segurança Rodoviária do Condutor (DRSI), querendo trabalhar através de escolhas superficiais de administração de rua. Da mesma forma, esta abordagem a longo prazo pode pôr em risco os esforços de segurança rodoviária. Os parceiros do bem-estar rodoviário, subsequentemente, devem procurar uma abordagem mais vital na administração da rua que levaria à probabilidade de diminuir o desgaste da rua. Este concentrado ao longo destas linhas tenta preencher este buraco razoável, inspeccionando como a DRSI pode fabricar uma opção sustentável tendo em mente o objetivo final de realizar o bem-estar das ruas e diminuir as colisões de automóveis nas ruas quenianas.

2.9 Quadro concetual

O modelo concetual que será utilizado para orientar a investigação é apresentado nesta secção. O modelo concetual será apresentado em duas fases;

Etapa 1: Quadro concetual de derivação da fórmula

Etapa 2: Implementação do protótipo do quadro concetual.

O quadro concetual de derivação da fórmula será o seguinte: as variáveis que causam acidentes rodoviários constituem as variáveis independentes, os regulamentos governamentais são as variáveis moderadoras, enquanto o índice de segurança rodoviária do condutor (DRSI) se torna a variável dependente. A forma como a variável independente crimes que gera o DRSI sob a moderação dos regulamentos governamentais é derivada como se mostra na figura 9 abaixo. Assim, após a soma dos resultados dos crimes, obtém-se o Índice de Segurança Rodoviária do Condutor (ISDR).

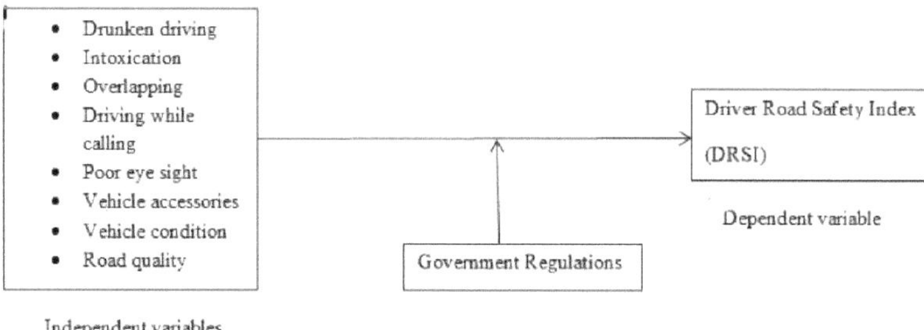

Figura 9: Quadro concetual da derivação de fórmulas

O ambiente proposto para o fornecimento de modelação e simulação da aplicação baseada na Web terá dois elementos: os clientes regulares genuínos que enviam a inscrição como condutores e, desta forma, obtêm uma prova distintiva e as organizações responsáveis pela aplicação da lei, como os agentes de trânsito, que são responsáveis por vigiar as ruas do Quénia.

O protótipo baseado na Web consistirá nos seguintes módulos: autenticação do utilizador, que registará os condutores com uma identidade única, a fim de garantir a confidencialidade, a integridade e a segurança (CIA) dos dados e das transacções do utilizador; gestão dos registos, para poder acompanhar as actividades transaccionais realizadas pelos utilizadores ou os pedidos enviados pelos parceiros; e o módulo da base de dados, que funcionará como um repositório onde as informações serão armazenadas. A informação será recuperada por pedido, dependendo do privilégio do utilizador.

As plataformas de software de operação serão qualquer computador que execute o sistema operativo Windows ou Linux. E o hardware englobará os computadores que suportam tanto o sistema operativo Linux como o Windows, pelo que serão seguidas as configurações de hardware de PC Windows e Linux. A figura abaixo mostra o diagrama do modelo baseado na Web.

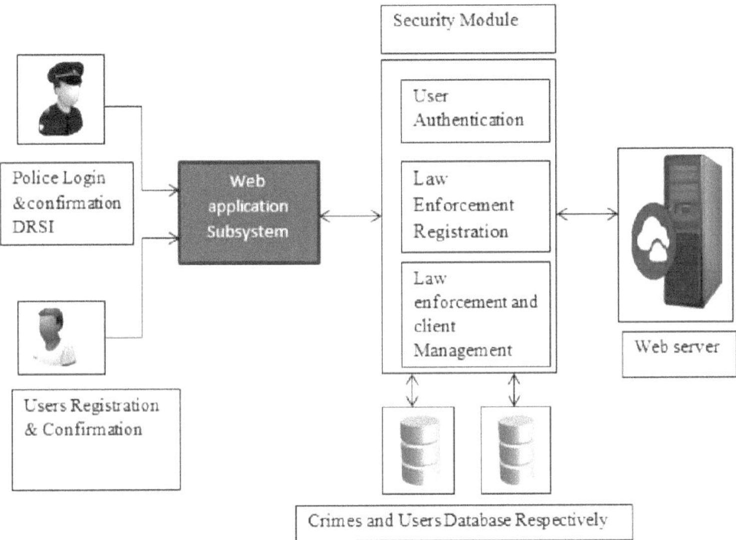

Figura 10: Quadro concetual de um protótipo baseado na Web para gerir os acidentes rodoviários.

CAPÍTULO 3

METODOLOGIA

3.0 Introdução

Este capítulo discute os métodos que foram utilizados no desenvolvimento, prototipagem e avaliação do Modelo Baseado na Web para Monitorizar a Criminalidade Rodoviária para Reduzir a Carnificina Rodoviária.

3.1 Paradigma da investigação

O estudo adoptará abordagens de investigação científica e de conceção. A abordagem científica será utilizada para recolher os dados relevantes através de grupos de discussão necessários para a elaboração de pesos relevantes para os diferentes crimes.

3.2 Metodologia de medição

De acordo com a literatura anterior sobre gestão rodoviária e a necessidade de um protótipo baseado na Web, foram desenvolvidos itens de medição para cada constructo. Foram testados utilizando uma escala de lekirt de cinco pontos (concordo, concordo totalmente, não tenho a certeza, discordo, discordo totalmente) e aleatorizados no instrumento para evitar enviesamentos.

A breve descrição que se segue da solução de gestão rodoviária baseada na Web proposta foi apresentada aos inquiridos, a fim de delimitar o contexto em que se esperava que respondessem às questões colocadas.

"O protótipo de gestão rodoviária proposto, baseado na Web, armazenará os dados do condutor, os dados relativos à aplicação da lei e as informações sobre os visitantes convidados. Esta informação será acedida pelos agentes da autoridade para verificar o Índice de Segurança Rodoviária do Condutor (DRSI), e os membros do público podem também verificar antes de embarcar num veículo, efectuando uma pesquisa. O governo e os serviços de aplicação da lei, por sua vez, obtêm informações pormenorizadas sobre os responsáveis pelos acidentes rodoviários".

3.3 População

A população do estudo era constituída por 50 agentes da polícia de trânsito da esquadra central de Nakuru e 150 condutores ao longo da autoestrada Eldoret-Nakuru-Nairobi. A autoestrada é representativa, na medida em que é a única grande autoestrada do Quénia e se estende ao resto de África, sendo que os pontos negros mais conhecidos da República do Quénia se situam ao longo da mesma estrada.

3.4 Técnica de amostragem

Foi utilizada uma amostragem aleatória simples para obter a dimensão da amostra pretendida, de acordo com Mugenda e Mugenda (2003), de modo que 10% da população é suficiente para produzir uma dimensão de amostra. Por conseguinte, a dimensão da amostra para o estudo foi calculada da seguinte forma

$n = (10\% / 100\%) *$ População-alvo

= (10/100) * 300 = 30 inquiridos.

3.4 Instrumentos

Os dados foram recolhidos através de um grupo de discussão, utilizando um questionário intitulado "Causas dos acidentes rodoviários e factores que influenciam a necessidade de um Índice de Segurança Rodoviária do Condutor (ISDM) entre as partes interessadas", apresentado no APÊNDICE A.

As perguntas e as escalas utilizadas nestes questionários foram aperfeiçoadas através de uma pesquisa exaustiva da literatura sobre trabalhos semelhantes. Estes questionários foram auto-administrados ou administrados pelo investigador nos casos em que os inquiridos não eram capazes de responder por si próprios.

3.5 Estudo-piloto

Um total de 30 inquiridos, incluindo agentes de fiscalização do departamento de trânsito da polícia central de Nakuru e condutores, tanto operadores de táxis *bodaboda* como condutores de transportes públicos (PSV), foram incluídos neste inquérito. Neste estudo, o alfa de Cronbach (a) foi utilizado para medir a fiabilidade do instrumento. As variáveis que produziram um valor alfa pelo menos igual a 0,7 serão consideradas fiáveis. O Quadro 1 apresenta os resultados do teste de fiabilidade do estudo-piloto.

Tabela 1: Teste de fiabilidade dos itens do estudo

S/no	Variable	Number of items in Test	Cronbach's Alpha
i.	Main factors contributing to road accidents	4	0.817
ii.	Specific causes of road accidents	9	0.918
iii.	Respondents opinion on DRSI Application use	8	0.788

Uma vez que todas as variáveis produziram um alfa de Cronbach superior a 0,7, o instrumento de investigação foi considerado fiável.

3.6 Análise de dados

A correlação de Pearson foi utilizada para analisar os dados recolhidos, a fim de ajudar a identificar a estrutura das relações entre as variáveis do estudo. Isto ajudou a explicar a relação entre elas em termos de dimensões ou factores subjacentes comuns que influenciam a necessidade de um modelo baseado na Web para reduzir a carnificina rodoviária (Everitt & Dunn, 2001). A introdução de dados e a análise descritiva foram efectuadas utilizando o SPSS versão 20 (IBM, 2013). As percepções obtidas a partir do inquérito informaram o desenvolvimento subsequente do Modelo Baseado na Web para reduzir a carnificina rodoviária.

3.7 Desenvolvimento do modelo

Modelo científico proposto para o cálculo do DRSI com base em perspectivas através de grupos de concentração com vários parceiros e pensamento do DRSI com base na lei de trânsito Cap 39 de 1953 leis do Quénia para decidir os pesos a atribuir às diferentes violações e o limite de escolha e as circunstâncias em que a condenação pode ser afetada.

O índice de segurança rodoviária do condutor será calculado utilizando a fórmula;

> Onde;

11. X_i, $X2$ x_3 Xnrespectivamente, são os pesos determinados através do grupo de discussão discussão por este estudo.

> Enquanto;

$$i. \quad (DRSI) = F (X_1Cr_1 + X_2Cr_2 + X_3Cr_3 + \dots\dots\dots\dots\dots\dots X_n + Cr_n)$$

Cr_1, $Cr2$, Cr_3 ....Cm, respetivamente, são os crimes associados à carnificina rodoviária que devem ser gerido após o cálculo da DRSI. O modelo funciona com base na premissa de que um limiar atribuído justifica a inibição da posse ou da renovação da carta de condução. Os casos são ponderados em função da infração cometida.

Nesse momento, uma borda agregada, por exemplo, quando atinge um limite específico, desencadeia uma advertência que requer uma ação necessária. Da mesma forma, na chance de que ele / ela vá para uma abordagem de proteção, então um fiador precisa cobrir aquele indivíduo que ele conhece a estratégia de proteção para sujeitar em vista da indefesa para acidentes rodoviários.

3.8 Implementação do protótipo

Foi criado um protótipo para atualizar o modelo. Um modelo é a realização de um modelo de trabalho de um módulo de produto para mostrar a exequibilidade da capacidade. O modelo é posteriormente aperfeiçoado para ser considerado num último item (Abidemi O, 2004). Um modelo permite-lhe ver completamente quão simples ou problemático será executar uma parte dos componentes da estrutura. Além disso, permite que os clientes comentem a facilidade de utilização e a maneabilidade do plano de IU e dá-lhe a oportunidade de avaliar a adequação entre os dispositivos de produto escolhidos, o utilitário específico e as necessidades do cliente. Além disso, a prototipagem pode encorajar a caraterização dos casos de utilização, e apresenta realmente a demonstração da defesa da utilização de forma muito mais simples, definição dos cachos da Google.

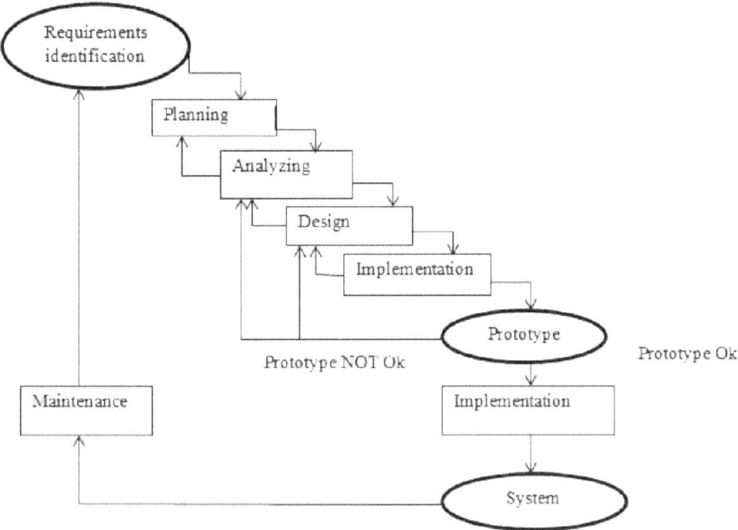

Figura 11: Prototipagem rápida (fonte: NASA, 2004)

3.9 Avaliação do protótipo

A abordagem que foi utilizada como parte da avaliação do modelo é a "avaliação baseada em objectivos das estruturas de TI". A avaliação baseada em objectivos é uma estratégia de avaliação especializada e eficaz cujo principal objetivo é determinar se o modelo cumpre as metas especializadas estabelecidas (Patton, 1990). Avaliar uma estrutura "em conformidade" é uma abordagem de avaliação que requer apenas o avaliador e não inclui os clientes finais. Os critérios de avaliação nesta abordagem de avaliação são obtidos a partir dos pré-requisitos do quadro, em particular, e da descrição apresentada no segmento 4.2 (Cronholm e Goldkuhl, 2003). O modelo baseado na Web para reduzir a selvajaria nas ruas foi avaliado através de uma análise dos destinos.

1. **Registo dos agentes da autoridade:** O sistema deve ser capaz de registar o nome e o número de identificação do agente, bem como o departamento da estação de trânsito a que pertence.

2. **Registo de visitantes:** O sistema deve ser capaz de captar informações demográficas dos hóspedes, tais como nome, sexo e ano de nascimento, local de incidência, vítimas e tipo de veículo.

3. **Introdução de informações:** O sistema deve permitir que o agente da autoridade introduza os dados do acidente e que os visitantes possam também introduzir informações sobre os locais do acidente.

4. **Pesquisa de informações:** O sistema deve permitir que o público pesquise informações sobre os condutores e obtenha dados sobre a classificação do condutor com base no facto de este ser aceite, médio ou não qualificado.

5. **Registo do administrador:** O sistema deve registar os administradores para criar e registar os outros utilizadores do sistema.

CAPÍTULO 4

RESULTADOS E DISCUSSÃO

4.1 Introdução

Neste capítulo, são discutidos os resultados do inquérito aos utilizadores, a conceção do modelo e a necessidade de um Índice de Segurança Rodoviária do Condutor (DRSI).

4.2 Factores que contribuem para os acidentes rodoviários

Esta secção inclui uma descrição do comportamento do inquirido relativamente às principais causas dos acidentes rodoviários. A secção aborda a primeira questão de investigação. As principais causas de acidentes rodoviários foram analisadas em conformidade e apresentadas no Quadro 2 abaixo:

Quadro 2: Principais factores que contribuem para os acidentes rodoviários

Statement	SA Freq (%)	A Freq(%)	N Freq(%)	D Freq(%)	SD Freq(%)	χ^2	P-value
Human error and careless driving are the main causes of road accidents in Kenya	15 (50.0)	7(23.3)	4(13.3)	2(6.7)	2(6.7)	23.67	0.000
Bad weather conditions are the main causes of road accidents in Kenya	7(22.3)	16(53.3)	3(10.0)	2(6.7)	2(6.7)	19.66	0.001
Poor conditions of road are the main causes of road accidents in Kenya	15(50.0)	5(16.7)	1(3.3)	2(6.7)	7(23.3)	20.66	0.000
Mechanical problems are the main causes of road accidents in Kenya	8(26.7)	10(33.3)	7(23.3)	2(6.7)	3(10.0)	4.00	0.406

Key: SD = Strongly Disagree; D=Disagree; N = Neutral; A = Agree; SA = Strongly Agree; Freq=Frequencies and %=Percentages. Source: research data (2016)

Os resultados acima revelaram que a maioria dos inquiridos concordou que o erro humano e a condução descuidada são as principais causas dos acidentes rodoviários no Quénia (76,6%). Estas conclusões foram corroboradas pelos resultados do qui-quadrado (χ^2 =23,67; p<0,01). Além disso, concordaram igualmente que as más condições climatéricas são a causa dos acidentes rodoviários (75,6%), o que é corroborado pelos valores do qui-quadrado (χ^2 =19,66; p<0,01).

Além disso, concordaram que as más condições das estradas são as principais causas dos acidentes rodoviários no Quénia (66,7%), de acordo com os resultados do qui-quadrado (χ^2 =20,66; p<0,01). No entanto, a diferença na perceção dos inquiridos sobre se os problemas mecânicos são as principais causas dos acidentes rodoviários (60,0%) no Quénia não foi estatisticamente significativa com os resultados do qui-quadrado (χ^2 =4,00;p>0,01).

Por outro lado, a opinião dos inquiridos sobre a causa específica dos crimes rodoviários também foi analisada em conformidade e apresentada na Tabela 3 abaixo:

Quadro 3: Causas específicas de acidentes rodoviários

Statement	SA Freq (%)	A Freq(%)	N Freq(%)	D Freq(%)	SD Freq(%)	χ^2	P-value
Driving while calling cause road accidents	10(33.3)	15(50.0)		3(10)	2(6.7)	15.07	0.002
Overlapping in roads cause road accidents		18(60.0)	9(30.0)	2(6.7)	1(3.3)	24.67	0.000
Unavailability of road signs and traffic control lights cause accidents	18(60.0)			10(33.3)	2(6.7)	12.80	0.002
Status of the road such as tarmacked or rough road cause road accidents	14(46.7)	5(16.7)	6(20.0)	1(3.3)	4(13.3)	15.67	0.004
Poor eyesight cause road accidents	9(30.0)	16(53.3)	1(3.3)	2(6.7)	2(6.7)	27.67	0.000
Drunken driving or intoxication is a cause of road accidents	3(10)	14(46.7)	6(20.0)	3(10.0)	4(13.3)	14.33	0.006
Heavy rains cause road accidents	14(46.7)	6(20.0)	2(6.7)	2(6.7)	6(20.0)	16.00	0.003
Speed limit contribute to road accidents	18(60.0)	5(16.7)	4(13.3)	2(6.7)	1(3.3)	31.67	0.000
Eating while Driving contribute to road accidents	3(10.0)	5(16.7)	5(16.7)	10(33.3)	7(23.3)	4.67	0.323

Key: SD = Strongly Disagree; D=Disagree; N = Neutral; A = Agree; SA = Strongly Agree; Freq=Frequencies and %=Percentages. Source: research data (2016)

De acordo com a Tabela 3, a maioria dos inquiridos concordou fortemente que os crimes resultantes de excesso de velocidade contribuem para os acidentes rodoviários (60,0%), o que é corroborado pelos resultados do qui-quadrado (χ^2 =31,67;p<0,01), o que é consistente com 60,0% que preferiram que a indisponibilidade de sinais de trânsito e de semáforos contribuísse para os acidentes rodoviários (χ^2 =24,67;p<0,01).

Os resultados indicaram ainda que os inquiridos concordaram fortemente que uma visão deficiente causa acidentes rodoviários (53,3%), com base no (χ^2 =27,67; p<0,01). Além disso, 60,0% dos inquiridos concordaram que a sobreposição de estradas causa acidentes rodoviários, com base no qui-quadrado (χ^2 =24,67; p<0,01). Além disso, 63,4% dos inquiridos concordaram que o estado da estrada, como a estrada alcatroada ou a estrada irregular, provoca acidentes rodoviários, dependendo do estado do veículo e da velocidade do condutor, com base no qui-quadrado (χ^2 =15,67; p<0,01).

Verificou-se também que 83,3% dos inquiridos concordaram que conduzir enquanto se faz uma chamada provoca acidentes rodoviários, o que é corroborado pelos valores do qui-quadrado (χ^2 =15,07; p<0,01). Isto deve-se ao facto de as chamadas durante a condução reduzirem a concentração do condutor, conduzindo a acidentes.

É de salientar que 56,7% dos inquiridos afirmaram que a condução em estado de embriaguez ou intoxicação é uma causa de acidentes rodoviários, o que é corroborado pelos valores do qui-quadrado (χ^2 =15,07; p<0,01). Além disso, também concordaram que as chuvas fortes contribuem para os acidentes rodoviários (66,7%), o que é corroborado pelos valores do qui-quadrado (χ^2 =16,03; p<0,01). No entanto, a diferença de perceção dos inquiridos relativamente à questão de saber se comer enquanto se conduz contribui para os acidentes rodoviários não foi estatisticamente significativa, de acordo com os resultados do qui-quadrado (χ^2 =4,00;p>0,01).

Por conseguinte, os resultados deste inquérito estão em sintonia com a extensa pesquisa bibliográfica que informa que as principais causas de acidentes rodoviários no Quénia são os erros humanos e, por isso, serve para orientar a conceção do Índice de Segurança Rodoviária do Condutor (DRSI), que acumula crimes e calcula o índice de segurança rodoviária de um determinado condutor, discutido na secção seguinte.

4.3 Conceção do modelo do índice de segurança rodoviária do condutor

A conceção do modelo do Índice de Segurança Rodoviária do Condutor é, assim, ilustrada no diagrama abaixo, com base no objetivo específico de criar um DRSI para responder às perguntas sobre os erros humanos que contribuem para os acidentes rodoviários, medidos com base no envolvimento em crimes, como mostra a figura abaixo.

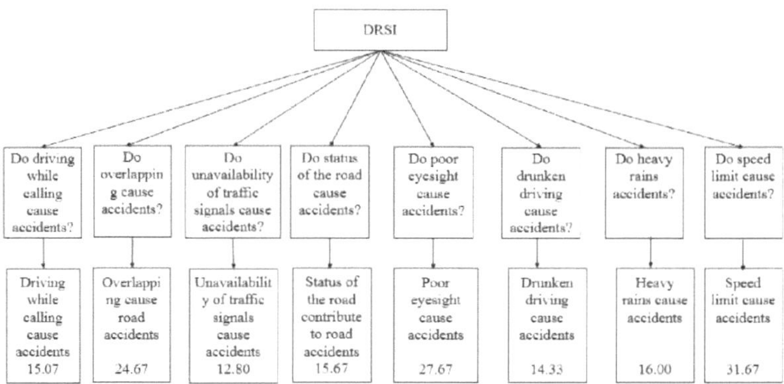

Figura 12: Abordagem métrica da questão do objetivo para a DRSI

Os vários valores do qui-quadrado determinam a concordância do inquirido em relação a cada crime. Por conseguinte, os diferentes valores do qui-quadrado representam a intensidade da concordância do utilizador.

4.3.1 Derivação da métrica e da escala de avaliação do DRSI

Esta secção apresenta o processo de conceção do modelo previsto para avaliar o índice de segurança rodoviária do condutor. Procura resolver a segunda questão de investigação. A conceção deste modelo foi orientada pelos resultados da primeira questão de investigação, que indicava o erro humano como a principal causa dos acidentes rodoviários no Quénia, tendo sido especificamente identificadas as seguintes causas humanas com base nos seus valores de qui-quadrado:

- A condução durante a chamada provoca acidentes rodoviários com um valor χ^2 de 15,07
- A sobreposição de estradas provoca acidentes rodoviários com um valor χ^2 de 24,67
- A indisponibilidade de sinalização rodoviária e de luzes de controlo de tráfego é causa de acidentes com um valor χ^2 de 12,80
- O estado da estrada, como por exemplo, estrada alcatroada ou estrada irregular, causa acidentes rodoviários com um valor χ^2 de 15,67
- A má visão é a causa dos acidentes rodoviários com um valor χ^2 de 27,67
- A condução em estado de embriaguez ou intoxicação é uma causa de acidentes rodoviários com um valor χ^2 de 14,33
- Chuvas fortes causam acidentes rodoviários com χ^2 valor de 16,00
- O limite de velocidade contribui para os acidentes rodoviários com um valor χ^2 de 31,67

Estas causas foram, por conseguinte, consideradas como indicadores do índice de segurança rodoviária dos condutores (ISDM), como mostra a análise de correlação que se segue, que determina a importância da relação entre as causas dos acidentes rodoviários e o índice de segurança rodoviária dos condutores, como se mostra no quadro 4.

Quadro 4: Relação entre o índice de segurança rodoviária do condutor e as causas dos acidentes rodoviários

		CAUSES OF ROAD ACCIDENTS	DRIVER ROAD SAFETY INDEX
CAUSES OF ROAD ACCIDENTS	Pearson Correlation	1	.898[**]
	Sig. (2-tailed)		.000
	N	30	30
DRIVER ROAD SAFETY INDEX	Pearson Correlation	.898[**]	1
	Sig. (2-tailed)	.000	
	N	30	30

[**]. Correlation is significant at the 0.01 level (2-tailed).

Os resultados dos dados analisados indicaram que existe uma forte relação positiva e estatisticamente significativa entre as causas dos acidentes rodoviários e o índice de segurança rodoviária do condutor (r=0,898; *p<0*,0i), ou seja, factores como a condução durante a chamada, a indisponibilidade de sinais de trânsito e de semáforos, a falta de visão e a condução sob o efeito do álcool ou da embriaguez são causas de acidentes rodoviários. medida que a infração aumenta, o índice de segurança rodoviária do condutor (DRSI) correspondente aumenta.

Este índice é, portanto, uma função das causas humanas identificadas e resumidas a seguir.

    i. $DRSI = F (DC, DD, OP, ED, SL, PE\ldots)$

    ii. $DRSI = X_1DC + X_2DD + X_3OP + X_4ED + X_5SL + X_6PE + \ldots\ldots\ldots X_nCr_n$

Em que $X_i, X_2, x_3 \ldots\ldots X_n$ são, respetivamente, os pesos determinados na secção seguinte.

4.4 Ponderações relevantes atribuídas a diferentes crimes para o cálculo do índice de segurança rodoviária do condutor (DRSI)

Para determinar os pesos relevantes atribuídos aos diferentes crimes, foram tidas em conta as leis do capítulo 403 da Lei do Tráfego do Quénia, conforme consta do APÊNDICE C, e foi realizada uma discussão em grupo com a Autoridade Nacional de Transportes e Segurança (NTSA) para determinar o período de acumulação de crimes, tendo sido considerado viável um período de dois meses.

4.5 Derivação de ponderações relevantes

Os pesos relevantes atribuídos a diferentes crimes com base na lei do tráfego foram calculados com base nas sanções a pagar, de modo a que;

$$\text{Weights for a crime will be; } \frac{Penalties\ for\ the\ specific\ Crime}{Total\ Sum\ of\ penalties\ for\ All\ Crimes} * 100 = \text{Relevant Weight}$$

Por conseguinte, as ponderações relevantes são resumidas numa forma tabular, como se mostra no Quadro 5, para inclusão das ponderações relevantes e do crime no modelo DRSI.

Tabela 4: Crimes resumidos e índice baseado nas penas do Código da Estrada

Road crimes	Relevant weights
i. Over speeding	6.8
ii. Drunken driving	68
iii. Careless driving	6.8
iv. Driving on wrong way	3.4
v. Obstruction of road	6.8
vi. Driving with part of the body outside	0.7
vii. Overloading	1.4
viii. Driving while calling	1.4
ix. Driving on footpath	3.4
x. Others	0.3
Total Weight	100

A tabela acima mostra os diferentes pesos atribuídos a diferentes crimes que podem ser utilizados para calcular o DRSI. Utilizando a tabela de pesos e tendo em conta os crimes em que um condutor se pode envolver, podem ser acordadas as métricas do modelo, como se mostra na secção seguinte.

4.5 Métricas do modelo

Nesta secção são discutidas as medidas do modelo. As medições são determinadas pelo número de crimes em que um condutor está envolvido multiplicado por 100. Quanto maior for o número de crimes, maior será o grau ou a percentagem de DRSI.

O modelo acumula crimes num período máximo de 2 meses e, quando os crimes acumulados atingem 50%, ou seja, quando todos os crimes cometidos por um condutor atingem um limiar de 5, o condutor é permanentemente inibido de conduzir e eliminado da base de dados de condutores.

As medidas do modelo são tais que o melhor cenário possível, em que um condutor não está envolvido em qualquer crime, acumula um limiar de 0, pelo que 0 a dividir pelo número máximo de crimes possíveis multiplicado por 100 será 0% .

A melhor das hipóteses será;
$$\frac{No\ Crimes}{Max} * 100 = 0\ \%$$

Por outro lado, o pior cenário é tal que, em todos os acidentes cometidos ou crimes em que um condutor se envolva, se acumula um máximo de 10 vezes em todos os crimes, de modo que, quando todos os pesos são tidos em consideração, o pior cenário será de 100%;

Por conseguinte, o pior cenário possível será;
$$\frac{10\ Times}{Max} * 100 = 100\%$$

Quaisquer crimes entre 0% e 49% implicarão sanções relevantes, tal como estipulado na lei de trânsito. O modelo do índice de segurança rodoviária do mergulhador (DRSI) emitirá um certificado de melhor condutor, de condutor médio ou de condutor desqualificado em função do limiar de envolvimento que calcula a percentagem do DRSI.

4.6 A necessidade de uma EIRD para reduzir os danos causados pelas estradas

O comportamento do inquirido em relação à necessidade de uma DRSI para reduzir a carnificina rodoviária foi também analisado em conformidade e apresentado no quadro 5 infra:

Quadro 5: Opinião dos inquiridos sobre a utilização da aplicação das DSRI

| | SA | A | N | D | SD | | |
Statement	Freq(%)	Freq(%)	Freq(%)	Freq(%)	Freq(%)	χ^2	P-value
Would you like to use such an application	17(56.7)	6(20.0)	4(13.3)	1(3.3)	2(6.7)	27.66	0.000
Can the application reduce road accidents	15(50.0)	6(20.0)	5(16.7)	3(10.0)	1(3.3)	19.33	0.000
Would you like to know more about the application	15(50.0)	7(23.3)	1(3.3)	5(16.7)	2(6.7)	20.67	0.000
Would you like to use the service	16(53.3)	4(13.3)	3(10.0)	2(6.7)	5(16.7)	21.67	0.000
Can the application be of benefit	17(56.7)	4(13.3)	2(6.7)	4(13.3)	3(10.0)	25.67	0.000
Can you spend money to accesses the service.	16(53.3)	5(16.7)	6(20.0)	1(3.3)	2(6.7)	23.67	0.000
Being listed on such a service might associate me with illegal activities or crime if it is misused	6(53.3)	8(26.7)	2(6.7)	2(6.7)	2(6.7)	25.33	0.000
I fear that making my personal details public is risky by using such an application	19(63.3)	6(20.0)	2(6.7)	2(6.7)	1(3.3)	37.67	0.000

Key: SD = Strongly Disagree; D=Disagree; N = Neutral; A = Agree; SA = Strongly Agree; Freq=Frequencies and %=Percentages. Source: research data (2016)

Os resultados revelaram que a maioria dos inquiridos concordou que temia tornar públicos os seus dados pessoais ao utilizar uma aplicação deste tipo (84,0%), o que é corroborado pelos resultados do qui-quadrado (χ^2 =37,67; p<0,01). Também estavam de acordo com (80,0%) que concordaram que o facto de estarem listados num serviço deste tipo poderia associá-los a actividades ilegais ou ao crime se fosse mal utilizado (χ^2 =25,33;p<0,01).

No entanto, (76,7%) dos inquiridos afirmaram que gostariam de utilizar esta aplicação porque pode reduzir os acidentes rodoviários (70,0%), o que é corroborado pelos resultados do qui-quadrado (χ^2 =27,66; p<0,01). Da mesma forma (70,0%), os inquiridos também concordaram que a aplicação é benéfica e que estão dispostos a saber mais sobre a aplicação, o que é corroborado pelos resultados do qui-quadrado (χ^2 =25,67; p<0,01).

Além disso, verificou-se que (70,0%) dos inquiridos concordaram que estavam dispostos a gastar dinheiro para aceder ao serviço, o que é corroborado pelos resultados do qui-quadrado (χ^2 =21,67; p<0,01) e também que estavam dispostos a utilizar o serviço (86,6%), o que é corroborado pelos resultados do qui-quadrado (χ^2 =23,67; p<0,01).

Os resultados do inquérito apontam conclusivamente para a necessidade de uma aplicação deste tipo que ajude a reduzir a carnificina rodoviária, calculando cumulativamente o índice de segurança rodoviária de um determinado condutor (DRSI). Por conseguinte, a implementação do modelo utilizando ferramentas baseadas na Web está em conformidade com a secção seguinte

CAPÍTULO 5

IMPLEMENTAÇÃO DO MODELO

5.0 Introdução

Este capítulo discute o processo que foi seguido no desenvolvimento do protótipo para reduzir a carnificina rodoviária utilizando ferramentas baseadas na Web. Procura responder à terceira questão de investigação. No desenvolvimento do modelo, foi seguida a abordagem de decomposição funcional que compreende 5 etapas descritas nas secções 5.1.1 a 5.1.5.

5.1.1 Objectivos do sistema

A solução para a carnificina rodoviária baseada na Web é uma plataforma que permite ao público e aos agentes da autoridade verificar o índice de segurança rodoviária de um determinado condutor e, por conseguinte, regular o seu comportamento. O cenário atual pode ser ocasionado pela falta de uma tecnologia para reduzir a carnificina rodoviária através do controlo do comportamento do condutor, confiando nas tecnologias disponíveis para fornecer a referida solução. A solução proposta oferece, assim, uma opção para os agentes da autoridade e também para os membros do público que se vêem confrontados com este tipo de dilemas e que podem não ser capazes de compreender a existência de uma solução para fornecer a classificação dos condutores.

5.1.2 Funcionalidade do sistema

O modelo proposto foi sujeito a autenticação e segurança para garantir que todos os utilizadores são registados antes de lhes ser permitido o acesso a qualquer funcionalidade do sistema. Todas as tentativas bem sucedidas e mal sucedidas de acesso à funcionalidade do sistema, bem como todas as informações enviadas pelos utilizadores do sistema, foram registadas para efeitos de relatório.

Além disso, todos os utilizadores foram autorizados a registar-se antes de acederem a qualquer funcionalidade do sistema. Para os novos agentes de controlo, era necessário indicar o nome, a idade, o número de agente de controlo e o sexo. Os membros do público também terão de se registar como convidados para poderem apresentar informações sobre o local de um acidente.

Foi tomado o máximo cuidado no ponto de entrada do sistema para garantir que os dados dos condutores introduzidos são válidos. Para tal, o processo de registo pode também ser melhorado de modo a exigir que os dados apresentados sobre um condutor sejam verificados ou recomendados por um registo governamental. A participação da Autoridade Nacional para a Segurança dos Transportes (NTSA) no processo de registo pode também ser fundamental para verificar a identidade dos condutores a partir dos seus registos de licenças pré-existentes.

O processo de anulação do registo pode ser voluntário, em que o utilizador convidado opta por não participar, ou forçado, em que o utilizador é impedido de utilizar o sistema por várias razões, tais como a denúncia ilegítima ou falsa de um crime.

O sistema permite que tanto o público como os agentes de controlo registados pesquisem o índice de segurança rodoviária de um determinado condutor. Os resultados das pesquisas de informação bem sucedidas serão disponibilizados numa interface de fácil utilização.

O sistema também permite que os agentes da autoridade registados e também os membros do público introduzam informações sobre o local do acidente. Os pormenores de uma ocorrência de acidente introduzidos por membros do público devem ser verificados por um agente da autoridade. Estas informações foram disponibilizadas quando pesquisadas por membros do público utilizando o número de registo do automóvel e também o número da carta de condução.

5.1.3 Componentes do sistema

O sistema é composto por quatro componentes principais, discutidos a seguir e apresentados na Figura 24.

1. **Utilizadores:** Existem dois tipos principais de utilizadores;
    a) **Convidados:** Trata-se de membros do público que procuram obter informações sobre os índices de segurança rodoviária de um determinado condutor. Estão interessados em conhecer a classificação do condutor antes de embarcarem num veículo. O sexo e os anos de condução são também fornecidos, incluindo a matrícula do veículo.
    b) **Agentes de controlo:** Trata-se de agentes da polícia que controlam as estradas do Quénia, incluindo agentes da polícia de trânsito e agentes da Autoridade Nacional de Segurança dos Transportes (NTSA). Podem introduzir no sistema os pormenores do local do acidente aquando da ocorrência de um crime.
2. **Fornecedores de serviços de alojamento:** Esta infraestrutura é utilizada para o fornecimento de espaço para o alojamento do sistema baseado na web. O servidor baseado na Web trata da transmissão bidirecional de todas as comunicações, bem como da configuração e manutenção da sessão entre o utilizador e o sistema.
3. **Sistema de monitorização de acidentes rodoviários baseado na Web para reduzir os acidentes rodoviários**

    Este é o núcleo da arquitetura e inclui os seguintes componentes principais;
    a) **Autenticação do utilizador:** Este módulo tem duas funções principais: (i) assegurar que apenas os utilizadores registados acedem à funcionalidade do sistema e (ii) registar todas as actividades de acesso ao sistema para efeitos de elaboração de relatórios.
    b) **Registo de visitantes e de execução:** Este módulo trata da captura e registo dos dados do utilizador no ponto de entrada.

c) **Módulo de pesquisa:** Este módulo apresenta uma lista de condutores, a sua classificação e o número de matrícula do veículo.

d) **Lógica da aplicação principal:** Este módulo contém a lógica necessária para receber e processar os pedidos dos utilizadores, efetuar pesquisas na base de dados e devolver os resultados sob a forma de dados relativos ao condutor aos serviços de controlo e aos membros do público.

e) **Bases de dados:** O sistema mantém quatro bases de dados principais: (i) a base de dados dos utilizadores, que contém uma lista de todos os utilizadores registados para aceder ao sistema, (ii) a base de dados dos crimes, que contém um registo de todos os crimes ocorridos, (iii) a base de dados dos condutores, que contém uma lista principal dos números de carta de condução e dos números de registo dos automóveis associados a um determinado condutor e (iv) a base de dados de informações de pesquisa, que contém uma lista de detalhes de acidentes para pesquisa de informações. O sistema tem uma série de bases de dados transaccionais adicionais que guardam os registos dos acessos dos utilizadores e das pesquisas de informação.

5.1.4 Interfaces entre componentes do sistema

Existem dois métodos principais que serão utilizados para estabelecer a interface entre os componentes do sistema;

I. Interface baseada na Web para comunicação bidirecional entre o utilizador e o sistema através do servidor Web, e

II. Uma interface gráfica do utilizador (GUI) apresentada numa plataforma móvel android. Estas interfaces e a forma como se relacionam com os componentes do sistema são apresentadas na Figura 24.

5.1.5 Processos necessários para alcançar a funcionalidade do sistema

A abordagem de prototipagem rápida discutida na secção 3.5 e representada na Figura 22 foi seguida no desenvolvimento de um sistema funcional a partir do modelo.

a) **Recolha de requisitos:** Os requisitos para o sistema proposto foram inferidos a partir da literatura e refinados utilizando os resultados do inquérito aos utilizadores apresentado na secção 3.3.

b) **Conceção rápida:** Os processos do sistema descritos na secção 4.2.3 foram traduzidos em fluxogramas. Em seguida, foi concebida uma base de dados com base nos processos e fluxogramas propostos.

c) **Construir o protótipo:** Foi então construído um protótipo utilizando PHP como linguagem de programação e MySQL como base de dados e alojado em linha.

d) **Avaliar e aperfeiçoar os requisitos:** Os requisitos do sistema foram aperfeiçoados numa base contínua, utilizando o feedback do processo de desenvolvimento, implantação e teste do sistema.

e) **Conceber, codificar e testar o produto final:** Quando os requisitos foram considerados satisfatórios, foi concluída uma versão final do sistema, que foi testada com utilizadores reais num estudo-piloto. As reacções desta fase serviram para desenvolver e aperfeiçoar o modelo e o sistema.

5.2 Conceção e teste da monitorização de acidentes rodoviários baseada na Web para reduzir os acidentes. O principal objetivo deste estudo foi examinar a viabilidade de utilizar uma monitorização dos condutores baseada na Web através de um índice de segurança rodoviária dos condutores. Foi desenvolvido um modelo concetual para descrever graficamente o sistema, com base em modelos existentes na literatura, como o sistema de localização de veículos GIS baseado na Web com GPS (Butters, A.2006). O modelo incorpora quatro componentes principais: os utilizadores, os fornecedores de serviços de alojamento, os agentes de fiscalização e o sistema de monitorização de acidentes rodoviários baseado na Web. Esta secção apresenta a lógica do sistema e a conceção da base de dados. Além disso, são também apresentados os resultados dos testes e um relatório de avaliação do protótipo. O sistema tem quatro funções principais: registo de utentes, registo de execução, pesquisa de informações e detalhes do índice de condutores. A Figura 25 apresenta uma visão geral do sistema.

5.2.1 Processo de registo de utilizadores e fornecedores

O processo de registo é o ponto de entrada no sistema e serve para os dois tipos de utilizadores do sistema, nomeadamente, os visitantes e os agentes de execução. Os visitantes registam-se fornecendo o seu nome, idade, número de identificação nacional, telemóvel e sexo. Os agentes da autoridade introduzem os dados do local do acidente para poderem processar o índice de segurança rodoviária do condutor. O processo de registo do utilizador é descrito na Figura 26 e o processo do fornecedor na Figura 27.

5.2.2 Processo de pesquisa de informações

O processo de pesquisa de informações, descrito na Figura 28, é efectuado através de uma barra de pesquisa, introduzindo o número de registo do veículo e os dados da carta de condução. Após a realização da pesquisa, são apresentadas informações sobre o índice do condutor e os dados do veículo associados ao condutor.

5.2.3 Processo de introdução de dados do condutor

O processo de introdução dos dados do condutor, ilustrado na Figura 29, permite que os utilizadores registados introduzam dados sobre o local do acidente. Uma vez introduzidas as informações, estas podem ser disponibilizadas através de uma barra de pesquisa para que o público possa procurar informações.

5.2.4 Diagrama de relacionamento de entidades

O diagrama entidade-relacionamento do sistema é apresentado na Figura 31. É composto por 11 tabelas que contêm quatro tipos principais de informação;

i. Informações sobre o utilizador e a execução: wbs_user, wbs_gender e wbs_enforcemet.

ii. Informações sobre o veículo e o condutor: wbs_vehicle e wbs_details.

iii. Informações sobre o índice de condutores: wbs_register e wbs_search.

iv. Informações sobre o condutor: wbs_details, wbs_driver.

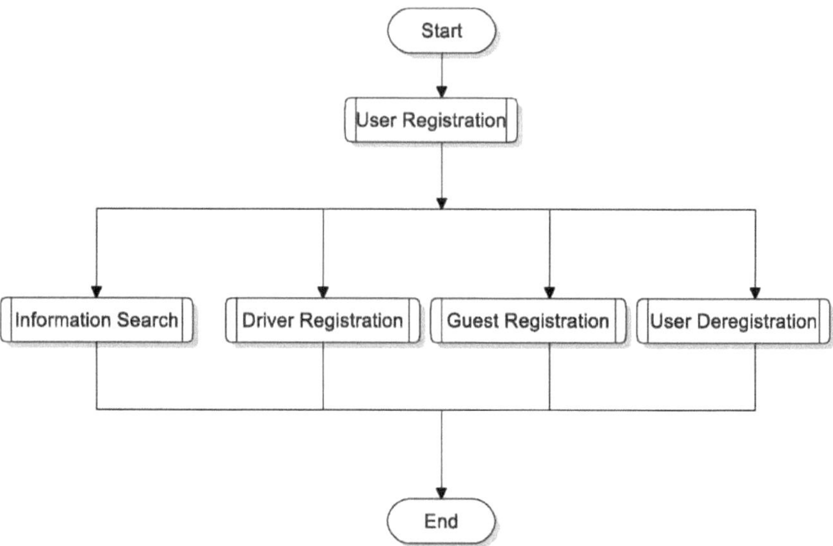

Figura 13: Fluxograma do protótipo WBRM

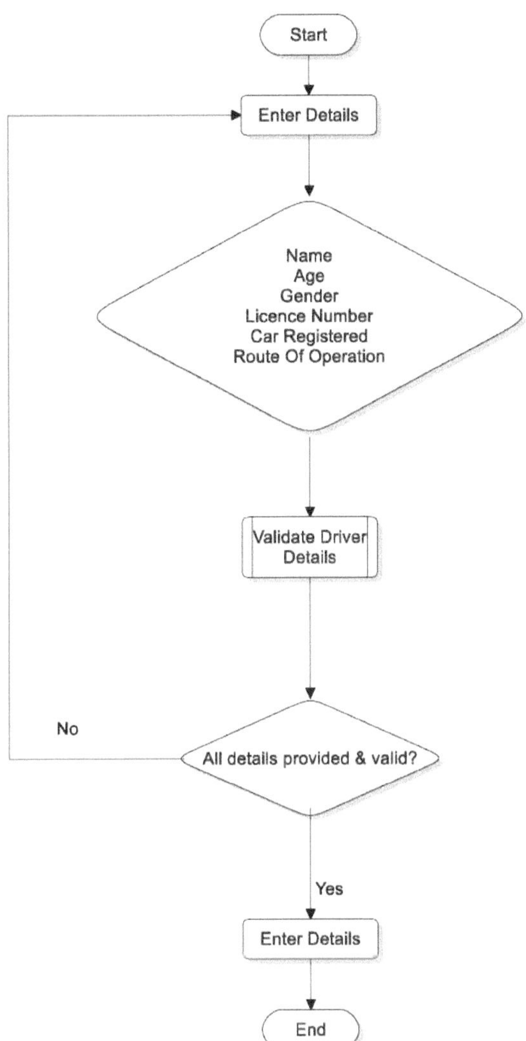

Figura 14: Processo de registo do condutor

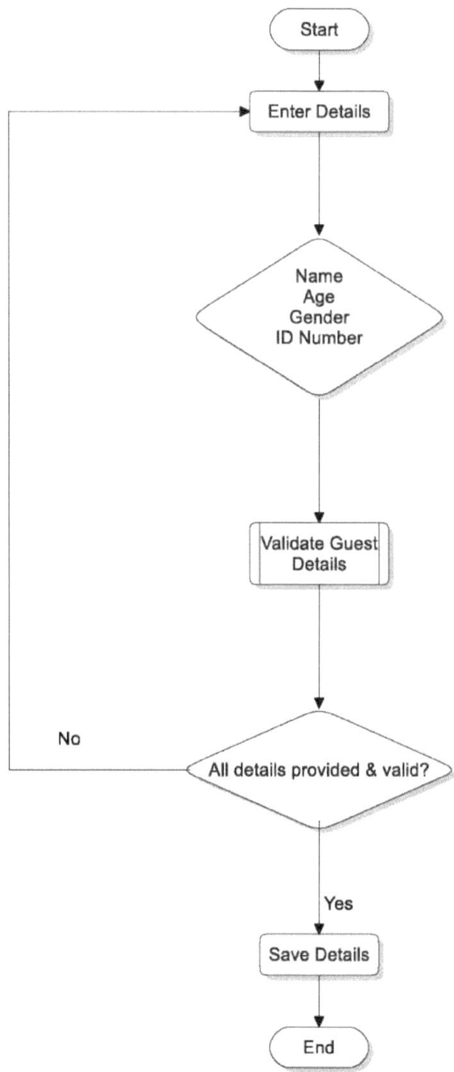

Figura 15: Processo de registo de convidados

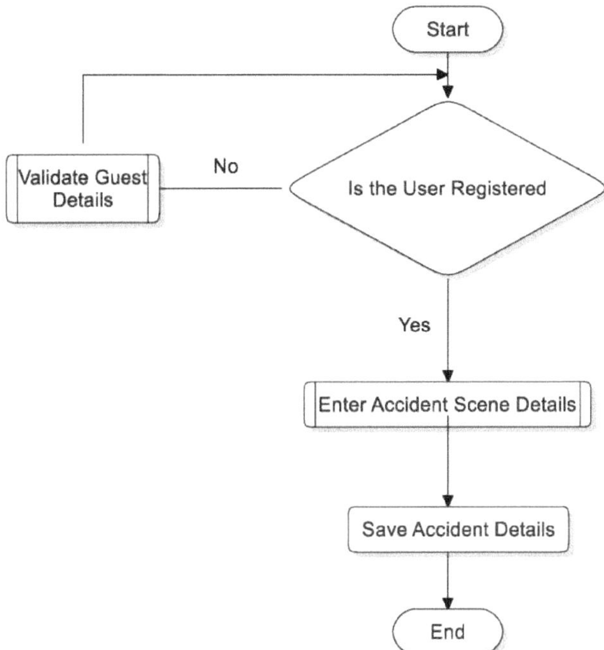

Figura 16: Processo de registo de acidentes

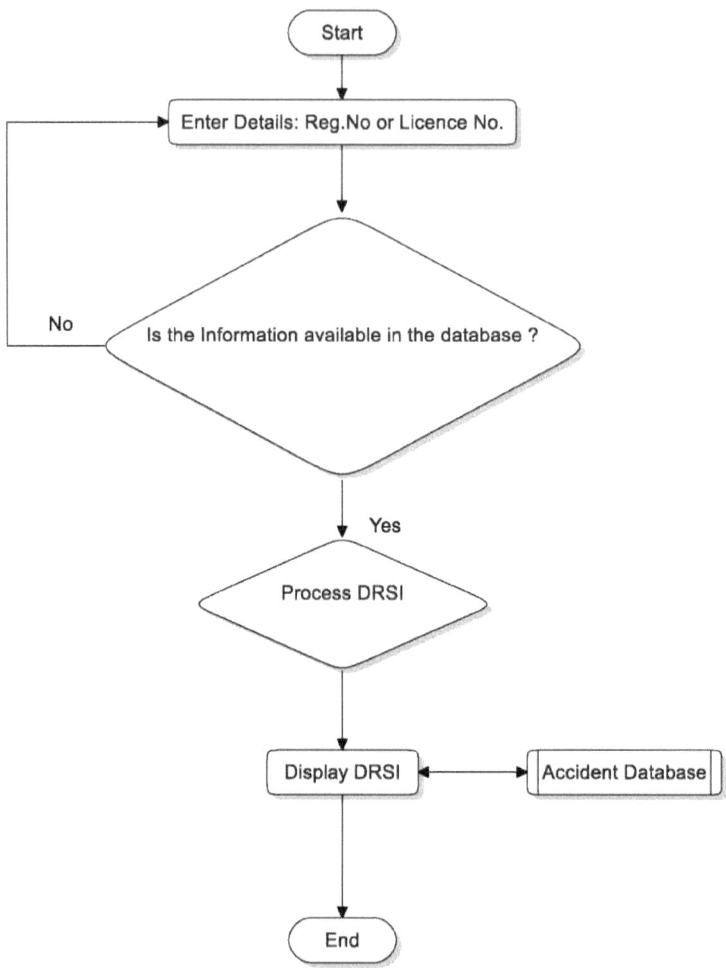

Figura 17: Processo de pesquisa de informação

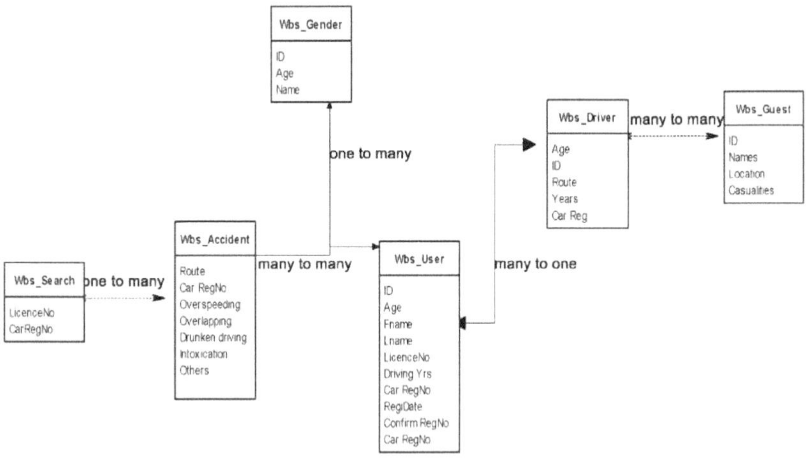

Figura 18: Esquema da base de dados

5.2.5 Prova de conceito

O sistema foi desenvolvido para implementar o modelo baseado na Web para monitorizar os acidentes rodoviários. O programa foi desenvolvido utilizando a linguagem de programação PHP e a base de dados MySQL para armazenamento e recuperação de dados. O ambiente de desenvolvimento foi o sistema operativo Windows 7, utilizando o IDE Adobe Dreamweaver CS3. O servidor Web Apache foi utilizado para alojar e testar o sistema localmente, enquanto o alojamento em linha foi efectuado em www.makupi.me.co.ke/drsi para efeitos de teste. A plataforma de alojamento fornecida por www.kenyandomains.com

O processo de registo começa com a recolha dos dados do utilizador através de um formulário de registo. Estes dados foram introduzidos no sistema utilizando a interface Web apresentada na Figura 19.

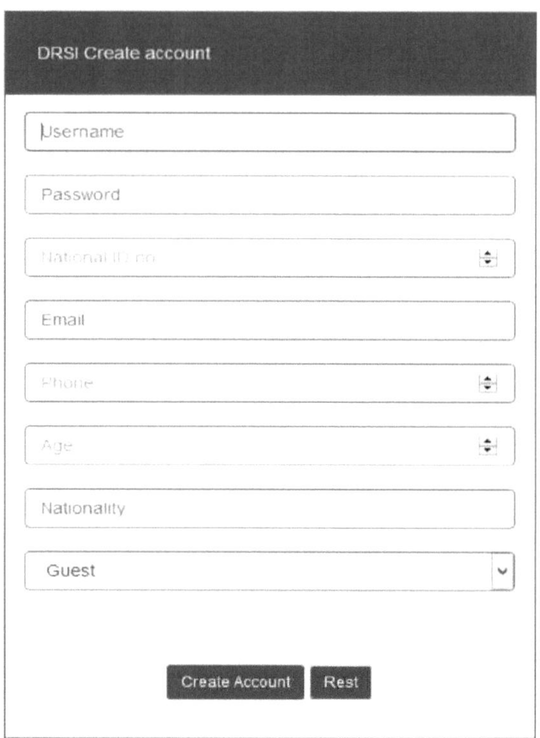

Figura 19:   Interface Web para registo do utilizador

Depois de os dados do utilizador terem sido guardados e o processo de autenticação ter sido capturado, os utilizadores podem iniciar sessão, como mostra a figura 20.

Figura 20:   interface de login do utilizador

Uma vez iniciada a sessão, os utilizadores podem introduzir os detalhes do local do crime, como se mostra abaixo na figura 22 e na figura 23, respetivamente. Uma vez registado, o utilizador pode introduzir os dados relativos ao registo do veículo, digitando-os na barra de pesquisa, como se mostra na figura 21.

Figura 21:   Processo de pesquisa de informação

O índice de segurança rodoviária do condutor é apresentado após uma pesquisa de informações bem sucedida, como se mostra na Figura 22.

Figura 22:   Ecrã de informações

Os dados dos condutores identificados, associados ao registo do veículo e ao número da carta de condução, são apresentados como se mostra na figura 23.

Figura 23: Classificação do índice DRSI

Os agentes da autoridade registados e os convidados, que são os membros do público presentes no local do acidente, podem introduzir os dados do acidente utilizando um formulário, como se mostra nas figuras 23 e 24, respetivamente.

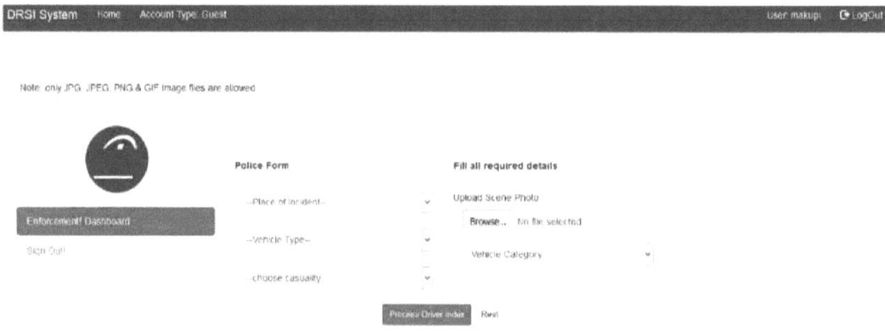

Figura 24:   processo de entrada no crime por Convidados

Figura 25:   processo de entrada no crime pelos agentes da autoridade

25.2.6 Processamento do índice de segurança rodoviária do condutor

O crime é processado em função do número de crimes cometidos e também da intensidade do crime. O índice pode ser acedido através da pesquisa da matrícula do veículo e do número da carta de condução.

25.2.7 Remoção do utilizador

O utilizador é removido do sistema por eliminação e os seus dados são eliminados pelo sistema. Uma remoção bem sucedida retira ao utilizador a capacidade de introduzir detalhes de um local de acidente e de entrar no sistema.

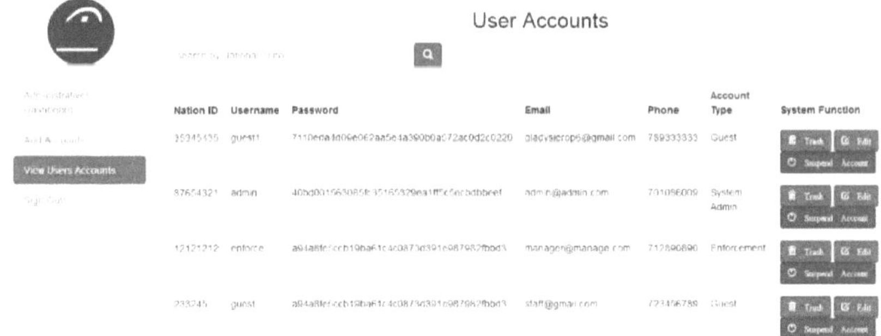

Figura 26:   Processo de cancelamento do registo do utilizador

5.2.8 Avaliação do desempenho

Este aspeto da avaliação era de natureza puramente técnica e visava examinar a robustez da solução. Para avaliar o desempenho do sistema, foram utilizadas duas medidas de avaliação, a capacidade de resposta do sistema e a fiabilidade do sistema, adoptadas do trabalho de Rahimian e Habibi (2008).

A capacidade de resposta do sistema foi testada utilizando o tempo médio que demorou a partir do momento em que um utilizador iniciou o processo de pesquisa introduzindo a matrícula do veículo ou o número da carta de condução. Num dos ensaios de pesquisa efectuados, o sistema atingiu um tempo médio de processamento de 10 segundos. O tempo médio de espera mais baixo observado pode ser atribuído ao menor tempo necessário para consultar a base de dados MySQL para a apresentação do índice de condutores e a pesquisa de informações. A base de dados utilizada para o protótipo estava indexada e optimizada, o que permitiu uma resposta atempada. Isto mostra que o sistema é ótimo no seu desempenho e, por conseguinte, tem uma conceção eficiente da base de dados.

A fiabilidade do sistema foi medida pela percentagem de vezes que não conseguiu concluir o processo de pesquisa de informação durante o exercício de teste. De um total de 100 ensaios, 1 não foi concluído com êxito, o que constitui uma taxa de insucesso de 1%. Esta taxa de insucesso deveu-se a bugs, erros de sistema no protótipo, bem como a tempos de espera atribuídos ao tempo que demorou a consultar a base de dados devido a uma plataforma de alojamento deficiente. A realização de testes exaustivos do sistema e a adoção de uma solução de alojamento Web eficiente antes de um lançamento comercial podem ajudar a eliminar os erros atribuídos a erros de programação e a uma instalação de alojamento eficiente, respetivamente. Uma plataforma de alojamento Web mais robusta, com serviços optimizados, ajudaria a reduzir o tempo de resposta durante as pesquisas de informação.

5.3 Avaliação, limitações e desafios na implementação da monitorização de acidentes rodoviários baseada na Web para reduzir os acidentes.

Esta secção apresenta uma avaliação do desempenho, das limitações e dos desafios do protótipo de monitorização de acidentes rodoviários baseado na Web.

5.3.1   Avaliação baseada em objectivos

A avaliação adoptada para avaliar o protótipo baseado na Web para reduzir a carnificina rodoviária é a "avaliação baseada em objectivos dos sistemas de TI como tal utilizados".

Quadro 1: Avaliação dos sistemas informáticos como tal "utilização

Objective	Evaluation
Guest registration process: The prototype should be able to capture the details of the guest or the member of the public and facilitate privacy check.	• The prototype captured the details of the Guest enabling sending of accident scene occurrence. • The prototype facilitated a privacy check process by implementing a password and a user name.
Enforcement officer registration process: The prototype should be able to register an enforcement officer details and also facilitate privacy check.	• The prototype captured the enforcement officer details enabling him to enter the accident scene occurrence. • The prototype facilitated a privacy check process by implementing a password and a user name check.
Submission of driver details: Allow the members of the public to enter the details of the accident scene. And especially allowing provision of an easy to use interface to enter through a checklist of crimes that have occurred.	• The prototype allowed the users to enter details of accident scene with ease. • Provided an easy to use interface and allowed users to submit information for calculating the driver road safety index.
Index information search process: it should provide an easy to use interface and provide the driver road safety index.	• It provided an easy to use interface by providing a search bar to enter driver's license number or a car registration number. • Upon search process it displayed the driver road safety index of a particular driver.

5.3.2 Limitações do sistema de monitorização dos danos causados pelas estradas baseado na Web.

As limitações incluem a disponibilidade da rede, especialmente em locais remotos, como as zonas de planície, que por vezes são limitadas, o que leva a um tempo de processamento mais longo e também o tempo de apresentação de uma cena de acidente. Esta limitação é significativa quando se tenta estabelecer uma ligação a partir de locais remotos onde a ligação falha. Esta abordagem exigiria um envolvimento alargado dos fornecedores de serviços de rede para garantir a disponibilidade da rede de modo a facilitar a transmissão de informações.

Outra limitação surge durante a captação de uma cena de acidente por um agente da autoridade ou um convidado que é um membro do público, por vezes torna-se complicado, por exemplo, introduzir os detalhes numa interface móvel, recolhendo os detalhes como o número de registo do carro, o número da carta, o local do acidente e o julgamento dos crimes cometidos pelo condutor. Uma sensibilização extensiva e a interatividade com a aplicação permitir-lhes-iam introduzir os dados com facilidade.

5.3.3 Desafios enfrentados pelo modelo baseado na Web para reduzir os acidentes rodoviários

O principal desafio encontrado com o teste do sistema foram as questões relativas à sua adoção para utilização. Isto foi estabelecido a partir do estudo-piloto que revelou que, no entanto, os membros do público e os agentes de execução gostaram da ideia, os condutores citaram preocupações de segurança que podem ser especificamente dirigidas a eles e preocuparam-se com o facto de a utilização do sistema poder ser perigosa e prejudicial, na medida em que a execução pode registar uma informação errada, pelo que se referiu que a corrupção disparou. No entanto, os membros do público e os agentes de controlo foram receptivos e nunca se preocuparam com questões de segurança. Houve também algumas preocupações, embora poucas, relativamente ao custo do acesso à Internet.

5.4 Outras áreas de aplicação acidental do sistema de monitorização dos danos causados pelas estradas com base na Web para reduzir os danos causados pelas estradas

A monitorização de acidentes rodoviários com base na Web para reduzir os acidentes rodoviários foi inicialmente concebida para fornecer o índice de segurança rodoviária do condutor a ser utilizado pelos agentes da autoridade e membros do público. Além disso, no decurso do desenvolvimento do modelo, da conceção do sistema e, sobretudo, do estudo-piloto, surgiram várias outras áreas de aplicação possíveis. Estas áreas de aplicação adicionais propostas pelos utilizadores confirmam as observações de Kelly (2007), segundo as quais as pessoas utilizam frequentemente as inovações de formas não previstas originalmente.

5.4.1 Estatísticas de acidentes

A ideia das "estatísticas de acidentes" foi suscitada por mergulhadores e proprietários de veículos, preocupados com os seus pedidos de indemnização e com a sua segurabilidade. A principal questão colocada pelos inquiridos no estudo-piloto é a de saber se o sistema pode ser utilizado pelas companhias de seguros para determinar os prémios a pagar. Assim, a companhia de seguros pesquisará o índice de acidentes de um determinado automóvel ou condutor. O sistema pode assim ser alargado para permitir às companhias de seguros determinar a extensão do seguro e os prémios de seguro a pagar pelo proprietário de um automóvel.

5.4.2 Informações sobre o índice de condutores

O sistema capta muita informação no momento do registo e, de forma contínua, sobre locais de acidentes e crimes que podem ser utilizados para publicidade por veículos de serviço público e também por operadores de táxis bodaboda. As informações relativas ao índice de segurança rodoviária dos seus veículos e dos seus condutores podem ser utilizadas para atrair clientes para utilizarem os seus veículos. Estas informações incluem os dados do condutor e o índice de segurança rodoviária do condutor.

5.4.3 Total de acidentes

Como parte da pesquisa de informações e dos detalhes do índice de condutores, o sistema capta informações pormenorizadas sobre o número de acidentes, a localização e as vítimas. A informação pode ser utilizada para fornecer estimativas adequadas para o planeamento e orçamento do governo. Também pode ser utilizada para serviços de emergência, como ambulâncias para operações de salvamento. O sistema pode ser desenvolvido de forma a aproveitar esta informação a partir de um processo de pesquisa. Exemplos de perguntas que podem ser respondidas utilizando o sistema são;

a) **Quantas pessoas foram mortas num determinado troço da estrada?**

b) **Quem esteve hoje envolvido num acidente na estrada Nakuru-Nairobi?**

Estas informações podem ser subdivididas de modo a revelar os dados do automóvel e do condutor e também informações mais rápidas sobre os entes queridos que possam estar envolvidos num acidente.

CAPÍTULO 6

CONCLUSÕES E RECOMENDAÇÕES

6.0 Introdução

Nesta tese, discute-se o fornecimento de DRSI para reduzir a carnificina rodoviária. A gestão da carnificina rodoviária baseada na Web fornece aos agentes da autoridade informações pormenorizadas sobre a DRSI de um condutor individual e a barra de pesquisa permite que os membros do público, mediante pedido do número de carta de condução do condutor, pesquisem a classificação do condutor antes de entrarem no veículo. Nesta solução, a informação procurada pelo utilizador é fornecida através de uma interface baseada na Web. A escolha de métodos de acesso simples, acessíveis e generalizados ao sistema para o desenvolvimento do modelo e do protótipo foi informada pelas limitações tecnológicas e económicas sentidas pelo principal grupo-alvo do sistema, ou seja, o público e os agentes da autoridade. Os agentes da autoridade têm conhecimentos limitados para utilizar de forma abrangente os serviços baseados na Web, enquanto os membros do público podem estar limitados ao acesso à rede. Este capítulo apresenta as conclusões e recomendações do estudo, que incluiu um inquérito, o desenvolvimento de um modelo, o desenvolvimento de um protótipo e uma avaliação do desempenho.

6.1 Conclusões

A premissa em que se baseia este estudo é a inexistência de uma DRSI para calcular a classificação de um determinado condutor. A solução é, por conseguinte, fornecida através de tecnologias de acesso a sistemas económicos, acessíveis e fáceis de utilizar, utilizando ferramentas baseadas na Web. Uma pesquisa exaustiva da literatura e das soluções existentes revelou que a maioria das soluções existentes é desenvolvida utilizando Java e Android, GPS e GPRS para a geo-localização, RFID, Bluetooth e NFC para as comunicações do sistema, navegadores e aplicações para o acesso ao sistema. Estas tecnologias estão disponíveis, em maior medida, incorporadas em cartões inteligentes e em alguns dispositivos portáteis e, em menor medida, utilizadas como serviços baseados na Web, o que limita efetivamente a sua utilização. A maioria das partes interessadas que podem aceder a serviços baseados na Web não podem, portanto, utilizar aplicações que exijam estas tecnologias avançadas.

Assim, foi desenvolvido um protótipo de carnificina rodoviária baseado na Web que implementa um modelo que utiliza ferramentas baseadas na Web como tecnologias alternativas de entrega. A solução foi capaz de lidar eficazmente com o registo dos agentes da autoridade e com o registo e a anulação do registo dos condutores, a pesquisa e o fornecimento de informações, bem como o cálculo da DRSI. A utilização do sistema para captar imagens e informações de localização foi explorada e considerada prática, embora com desafios.

As conclusões relacionadas com os objectivos específicos são discutidas nas secções 6.1.1 e 6.1.2.

6.1.1 Pergunta de investigação 1: Quais são as principais causas da carnificina rodoviária no Quénia e os esforços envidados para gerir a carnificina rodoviária?

O estudo estabeleceu que as principais causas de acidentes rodoviários no Quénia são atribuídas a erros humanos, tais como condução em estado de embriaguez, sobreposição e visão deficiente. Estes erros humanos são os crimes resultantes que conduzem à perda de vidas. Por conseguinte, a necessidade de adotar e utilizar um DRSI para controlar o comportamento dos condutores, calculando o índice de um determinado condutor com base no envolvimento em acidentes, respetivamente, é possível através de ferramentas baseadas na Web.

6.1.2 Questão de investigação 2: Qual é o modelo mais adequado para o desenvolvimento de um índice de segurança rodoviária para condutores?

Foi desenvolvido um modelo de índice de segurança rodoviária do condutor (DRSI) para calcular a classificação dos acidentes do condutor com base numa abordagem matemática linear. O modelo é implementado utilizando um protótipo baseado na Web e capta crimes para calcular o DRSI. O modelo utiliza informações das leis de trânsito ACT cap 54 do Quénia sobre as diferentes sanções atribuídas a vários crimes. Por conseguinte, os pesos representam as sanções e os crimes representam as infracções, respetivamente. Por conseguinte, o desenvolvimento de um índice de segurança rodoviária para condutores exige uma concordância total com a lei de trânsito do Quénia. A lei do trânsito forneceu um guia simples que foi originalmente proposto e adotado para o estudo. Em vez disso, foi necessária uma série de colaborações entre as diferentes partes interessadas para a sua adoção e potencial utilização na tomada de decisões nos tribunais.

6.1.3 Questão de investigação 3: Como implementar o protótipo e o modelo de gestão dos acidentes rodoviários?

Foi desenvolvido um protótipo de gestão de acidentes rodoviários baseado na Web que implementa a DRSI. O modelo destaca as funções e interacções dos agentes da autoridade, convidados e administradores na prestação de serviços de gestão de acidentes rodoviários baseados na Web. O modelo baseia-se na utilização de uma base de dados para armazenar os dados dos utilizadores. Os dados contidos na base de dados são utilizados para mostrar as informações aos agentes da autoridade e aos membros do público no processo de pesquisa de informações. Por conseguinte, o fornecimento de DRSI exige a utilização extensiva de uma base de dados para armazenar a localização, os dados, os números de matrícula, a gravidade do acidente, as imagens do local e os dados gerais.

6.2 Áreas para estudo futuro

A receção positiva e as potenciais aplicações do modelo baseado na Web para reduzir a carnificina rodoviária identificadas durante o estudo apontam para a necessidade de uma investigação mais aprofundada para estabelecer os seus desafios, limitações, impactos e potencial de utilização futura.

As secções 5.2.1 a 5.2.14 analisam em pormenor outras áreas de estudo.

6.2.1 A comercialização do WBRM

O protótipo WBRM de gestão de acidentes rodoviários baseado na Web desenvolvido não foi submetido a testes de aceitação pelos utilizadores devido à falta de cooperação de alguns condutores. As razões citadas pelos operadores incluem a sensibilidade das informações do utilizador e a falta de actividades de investigação nas suas operações. A sua cooperação e envolvimento serão necessários para a realização de um estudo de campo alargado.

As conclusões do presente estudo servirão, por conseguinte, de base para os futuros trabalhos de investigação que se seguem, com o único objetivo de o lançar como um serviço comercialmente viável.

- Desenvolvimento de parcerias com fornecedores de serviços de alojamento para desenvolvimento, teste e comercialização do sistema WBRM.
- O teste de campo do WBRM para estabelecer os factores que influenciam a sua potencial utilização e adoção.
- O desenvolvimento de uma infraestrutura baseada em SMS e USSD para a prestação do mesmo serviço em tempo real.
- O desenvolvimento de um modelo de negócio para assegurar a sustentabilidade do serviço WBRM.

Estas actividades requerem uma quantidade significativa de tempo e recursos e não puderam ser realizadas dentro do tempo atribuído a este estudo.

6.2.2 O papel do risco, da conveniência e dos benefícios percebidos na influência da intenção do utilizador de adotar e utilizar a DRSI

Neste estudo, verificou-se que os inquiridos estavam dispostos a assumir níveis de risco mais elevados se a conveniência e os benefícios associados fossem suficientemente significativos. É necessário investigar mais aprofundadamente a relação entre o risco envolvido na utilização de um serviço ou sistema e a conveniência e os benefícios percebidos que dele podem ser obtidos. Esta é uma direção útil para uma exploração mais aprofundada.

6.2.3 Um modelo de segurança para o fornecimento de DRSI através de uma plataforma baseada na Web.

O modelo não aborda explicitamente a questão da segurança na utilização do sistema. A segurança, neste contexto, refere-se à garantia de que as informações do utilizador, como os dados do condutor, não serão utilizadas por criminosos para atingir outros fins. Por conseguinte, é necessário determinar até que ponto as pessoas são genuínas quando procuram informações e confirmam o índice de segurança rodoviária do condutor. É necessário alargar este modelo de modo a ter em conta as características de segurança, tanto nos aspectos técnicos reais como nos procedimentos de utilização reais fora do sistema. Estes podem assumir a forma de processos de registo de utilizadores e empresas.

6.2.4 Para uma prestação efectiva de serviços de gestão dos danos causados pelas estradas com base na Web.

O protótipo do sistema para o fornecimento de gestão de acidentes rodoviários com base na Web e no Android através de uma interface Web para calcular a DRSI é viável. A razão para a utilização de uma interface de monitorização de acidentes rodoviários baseada na Web é normalizar a consulta e o fornecimento de DRSI, dado que o utilizador introduz o número da carta de condução e o número de registo do automóvel. Valeria a pena investigar como é que o mesmo processo de pesquisa de informação pode ser conseguido utilizando SMS e USSD. O desafio aqui seria como garantir que os utilizadores obtenham informações sobre as DRSI e recebam a classificação dos condutores em tempo real.

6.2.5 Investigação do processo de desenvolvimento da confiança do utilizador para a monitorização de acidentes rodoviários com base na Web.

Verificou-se a existência de obstáculos significativos no processo de pilotagem do protótipo do sistema. Por conseguinte, é importante examinar o papel da segurança, da privacidade, do custo e da credibilidade na adoção de serviços baseados na Web e em dispositivos móveis em geral e na computação de DRSI em particular. A ordem pela qual a confiança é construída é também uma área de investigação frutuosa. Os inquiridos no estudo começaram por compreender o serviço, questionando a segurança do sistema e, em seguida, a credibilidade dos agentes da autoridade que introduzem os pormenores do local do acidente. A questão dos custos não foi levantada, mas seria provavelmente a questão seguinte na sequência de preocupações, uma vez aceite a adoção deste serviço.

6.2.6 Um modelo de negócio para o fornecimento sustentável de DRSI utilizando uma interface baseada na Web.

A falta de modelos de negócio adequados levou a que, em vários casos, parceiros que forneciam informações sobre vários locais de acidente, agentes de licenciamento e de controlo e soluções informáticas inovadoras encerrassem as suas actividades nos primeiros meses ou anos de funcionamento. Para que a solução proposta seja sustentável, será necessário um modelo comercial adequado para garantir que o serviço seja acessível e disponível para os utilizadores e significativo para as partes interessadas.

6.2.8 Utilização de um modelo de confirmação de identidade baseado na Web e no Android para enfrentar os desafios de segurança entre os operadores de transportes públicos.

Um grande desafio experimentado pelos motoristas, especificamente os operadores de moto-táxi que foram entrevistados durante o estudo piloto, foi o da segurança. Isto surge nos casos em que os passageiros contratam estes táxis apenas para assaltar os operadores e roubar os seus motociclos. Num bom número destes incidentes, de acordo com os operadores de moto-táxi, as vítimas foram assassinadas. As investigações são muitas vezes difíceis de iniciar e de concluir, uma vez que a identidade do passageiro é desconhecida do operador de táxi.

Consequentemente, estes operadores optam por servir apenas clientes conhecidos, especialmente durante a noite, por receio da sua segurança. A utilização de um modelo de identificação baseado em telemóvel pode ser explorada para ver se as informações sobre os dados do passageiro e do condutor podem ser enviadas a terceiros e ser facilmente localizadas para investigação em casos de crime, pelo que a troca de confirmações que conduzam à confirmação da identificação pode ajudar a dissuadir e reduzir o crime ou a identificar os raptores.

6.2.9 Utilização de um modelo de confirmação de identidade baseado na Web e no Android para a identificação e o manifesto dos passageiros no serviço público de transportes

A verificação móvel da identidade pode ser utilizada para criar um registo preciso das interacções entre as pessoas através da troca de informações. Esta funcionalidade proposta tem possíveis aplicações no sector dos transportes públicos, que enfrenta desafios no processamento de pedidos de indemnização de seguros ou na investigação de crimes devido à falta de manifestos precisos dos passageiros. O processo de adoção real, bem como o impacto de uma aplicação tecnológica deste tipo num sector considerado em grande parte como sem lei e informal, seria uma área muito frutuosa para uma investigação mais aprofundada.

6.3 Recomendações

6.3.1 Sistema de gestão da identidade do repositório central

A falta de acesso aos números de carta de condução e aos dados de identificação da polícia existentes levou à proposta de uma nova recolha de informações sobre os condutores e os números de identificação da polícia como parte do processo de registo obrigatório neste estudo. Este exercício já foi feito anteriormente por muitos outros organismos e organizações, tais como os Serviços de Polícia do Quénia, a Autoridade Nacional de Transportes e Segurança (NTSA) e a Autoridade Tributária do Quénia (KRA) durante a emissão do número da carta de condução e dos contratos de trabalho para os agentes de execução. No entanto, todas estas diferentes organizações tratam os dados que recolhem como confidenciais e, por isso, não os partilham entre si ou com qualquer outra pessoa. Isto faz com que cada uma delas tenha de incorrer em custos para recolher a mesma informação de novo quando precisa dela. Trata-se de um processo dispendioso e fastidioso que muitas organizações mais pequenas não se podem dar ao luxo de realizar.

Há, portanto, necessidade de um esforço mediado pelo governo para integrar essas diferentes bases de dados para obter consistência e economia de custos. A disponibilidade de uma tal base de dados, acedida através dos canais legais correctos, pode contribuir em muito para encorajar o desenvolvimento de soluções como a Web Based Road Monitoring carnage para reduzir os acidentes, cuja credibilidade deriva de identidades de utilizador precisas e verificáveis.

6.3.2 Desenvolvimento de um acesso aceitável e seguro às informações de identidade do utilizador.

O desenvolvimento da aplicação de gestão de acidentes rodoviários baseada na Web requer dados sobre o número de registo do veículo e o número da carta de condução. Estas informações, quer sob a forma de apresentação do local do acidente, quer para calcular o índice de segurança rodoviária do condutor pelos membros do público, são consideradas sensíveis, dado o seu potencial de utilização em actividades criminosas. A falta de uma abordagem adequada e aceitável para a partilha destas informações levou à ausência da sua aplicação comercial em muitos contextos.

A necessidade crescente de aplicações baseadas na Web por parte dos mesmos utilizadores está a tornar necessário que os criadores de aplicações e os fornecedores de soluções tenham acesso a essas informações. Por conseguinte, é necessário que os responsáveis políticos desenvolvam quadros técnicos e jurídicos adequados para o acesso comercial e a utilização destas informações, tendo em conta as preocupações de todas as partes interessadas. Uma solução deste tipo teria de especificar o que constitui acesso e utilização legítimos, bem como uma política e um processo claramente definidos de adesão dos utilizadores.

Referências

Angell, I., Kietzmann, J. (2006). "RFID e o fim do dinheiro?" (PDF). Comunicações da ACM 49 (12): 90-96. doi:10.1145/1183236.1183237. Recuperado em 9 de fevereiro de 2016.

O ArcGIS 10.3.1 traz o mapeamento inteligente e a partilha de conteúdos 3D para o ArcGIS for Server" (Comunicado de imprensa). Esri. 2016-02-13.

Arora, M.S. e Rogerson, A. (1991). Future Trends in Mathematical Modeling and Applications, In Teaching of mathematical Modeling and Applications, (Eds. Niss, M., Blum, W., Huntley, I.) Ellis Horwood, New York, pp.111-116

Alrafi, A. (2006). Modelo de Aceitação de Tecnologia Obtido em 4 de fevereiro de 2009, de www.imresearch.org/RIPs/2005/RIP2005-4.pdf

Amin, H. (2007a). An empirical investigation on consumer acceptance of internet banking in an Islamic bank (Uma investigação empírica sobre a aceitação pelo consumidor de serviços bancários pela Internet num banco islâmico). Labuan Bulletin of International Business & Finance, 5.

Amin, H. (2007b). Internet banking adoption among young intellectuals. Journal of Internet Banking and Commerce, 12(3), 1-13.

Amin, H. (2008). Factores que afectam as intenções dos clientes na Malásia de utilizarem cartões de crédito para telemóveis. Management Research News, 31(7), 493-503.

Amin, H., Baba, R., & Muhammad, M. Z. (2007). An Analysis of mobile banking acceptance by Malaysian customers (Análise da aceitação da banca móvel pelos clientes da Malásia). Sunway Academic Journal, 4, 1-12.

A Bardossy, L., Duckstein, "Fuzzy rule - based modeling with applications to geo-physical" biological and engineering systems", CRC Press, 1995.

Barbagli, B., Bencini, L., Magrini, I., Manes, G., Manes, A.: Uma RSSF de ponta a ponta Sistema Baseado em Monitorização de Tráfego em Tempo Real. In: 8ª Conferência Europeia sobre Redes de Sensores Sem Fios (EWSN) (2011).

Butters, Alan (dezembro de 2006). "Identificação por radiofrequência: An Introduction for Library Professionals". Australasian Public Libraries and Information Services 19 (4): 164-74. ISSN 1030-5033.

Bender, E.A, (2000). An Introduction to Mathematical Modeling, Nova Iorque: Dover. ISBN 0-486- 41180-X.

Beaudouin-Lafon, M. e Mackay, W. (2000) Reification, Polymorphism and Reuse: Três Princípios para a Conceção de Interfaces Visuais. Em Proc. Conferência sobre Interfaces Visuais Avançadas, AVI 2000,

Palermo, Itália, maio de 2000, p.102-109.

Belanger, F., & Carter, L. (2008). Trust and risk in e-government adoption (Confiança e risco na adoção da administração pública eletrónica). *Journal of Strategic Information System, 17*, 165-176.

Chen, W., Chen, L., Chen, Z., Tu, S.: WITS: Uma rede de sensores sem fios para um sistema de transportes inteligente. Em: 1º Simpósio Internacional Multissectorial de Ciências Informáticas e Computacionais (IMSCCS) (2006)

Christensson, P. (2006). Definição de MANET. Recuperado em 2016, 26 de março, de http://techterms.com Cory Janssen. Explicação modular. Recuperado de technopedia. 9th setembro, 2015.

Chung, D. (2008). A Comparison of Three Models to Understand Purchasing Behavior of Avatar- Related Products [Uma comparação de três modelos para compreender o comportamento de compra de produtos relacionados com avatares]. *Trabalho apresentado na reunião anual da* Associação *Internacional de Comunicação*. Recuperado de http ://www.allacademic.com/meta/ p1154 0 _ index.html.

Cooper, D. R., & Schindler, P. S. (2006). *Business Research Method* (9th Edition ed.): Mc Graw Hill.

David W. Embley, Bernhard Thalheim(Eds.): Handbook of Conceptual Modeling, 2011. ISBN 978-3-642-15864-3

Dodge, Y. (2003) the Oxford Dictionary of Statistical Terms, OUP. ISBN 0-19-920613-9 (entrada para "regression").

Daniele Alessandrelli, Andrea Azzar, Matteo Petracca, Christian Nastasi e Paolo Pagano (2012): "Scan Traffic Smart Camera" http://dx.doi.org/10.1007/978-3-642-28169-3_13.

Davis, F. D. (1989). Perceived usefulness, perceived ease of use and user acceptance of information technology. *MIS Quarterly, 13*(3), 319-340.

Davis, F. D., Bagozzi, R. P., & Warshaw, P. R. (1989). User acceptance of computer technology: A comparison of two theoretical models. *Management Science, 35*(8), 982-1003.

Feng X e Quanwen L 2010 Desenvolvimento de um sistema de gestão de auto-estradas baseado em WebGIS Actas da WASE Conferência Internacional de Engenharia da Informação (ICIE) pp 136-138.

Fitzpatrick, Jason (22 de março de 2009). "Cinco melhores navegadores da Web". Lifehacker. Gawker Media.

FHWA: Federal Highway Administration Research and Technology; "Coordinating, Developing, and Delivering Highway Transportation Innovations", relatório, maio de 2015.

Goodchild, Michael F (2010). "Vinte anos de progresso: GIScience in 2010". Jornal de Ciência da Informação Espacial. doi:10.5311/JOSIS.2010.1.2

Gichoya, D. Factores que afectam o sucesso e o fracasso dos projectos governamentais de TIC nos países em desenvolvimento. Documento apresentado na 2ª Conferência Internacional sobre Governo Eletrónico, 11 a 12 de outubro de 2006, Pittsburgh, EUA.

Gillwald, A., Esselaar, S., Burton, P., &Stravrou, A. Towards an e-index for South Africa: Measuring household andindividual access and usageof ICT, Disponível em http://regulatioeonline.org/content/view/404/31/. Acedido em 15 março, 2015.

Gilbert, D., & Balestrini, P. (2004). Barreiras e benefícios na adoção da administração pública eletrónica. *TheInternational Journal of Public Sector Management, 17*(4), 286-301.

Gonzales, F., et al., Java Application Servers Report. 1999, TechMetrix Research: Burlington, MA. p. 221.

Harvey J. Miller e Shih-Lung Shaw (2001). Geographic Information Systems for Transportation. Oxford University Press. ISBN 0-19-512394-8.

Heeks Richard (2002). I-development not e-development: Special issue on ICTs and development. Journal for International Development, 14(1), 1-11.

Heeks, R. (2002). Sistemas de informação e países em desenvolvimento: Failure, success, and local improvisations. Filadélfia, EUA: Taylor and Francis.

Hackeloeer, A.; Klasing, K.; Krisp, J.M.; Meng, L. (2014). "Georreferenciamento: uma revisão de métodos e aplicações". Anais do GIS **20** (1): 61-69. doi:10.1080/19475683.2013.868826.

H. Luo e S. Lu, "Ubiquitous and robust authentication services for ad hoc wireless networks", Tech. Rep. TR-200030, Department of Computer Science, University of California, Los Angeles, Los Angeles, Calif, USA, 2000.

Hu, P. J.H., Clark, T. H. K., & Ma, W. W. (2003). Examinar a aceitação da tecnologia por professores de escolas: Um estudo longitudinal. *Journal of Information Management, 41*, 227-241.

Hung, S.Y., Chang, C.-M., & Yu, T.-J. (2006). Determinantes da aceitação dos serviços de governo eletrónico pelos utilizadores: The case of online tax filing and payment system. *Government Information Quarterly, 23*, 97-122.

Ignatius, J., & Ramayah, T. (2005). An empirical investigation of the Course Website Acceptance Model (CWAM). *International Journal Business and Society*.

John Hagel III. Intersecção de negócios e tecnologia, 2002, pontos de vista.

Jahangir, N., & Begum, N. (2008). The Role of Perceived Usefulness, perceived ease of use, security and privacy, and customer attitude to engender customer adaptation in the context of electronic banking. *African Journal Business Management, 2*(1), 32-40.

J-P. Hubaux, L. Buttyan e S. Capkun, "The Quest for Security in Mobile Ad Hoc Networks", Proc. 2001 ACM International Symposium on Mobile ad hoc networking & computing, pp. 146-155, Long Beach, CA,

EUA, 4-5 de outubro de 2001.

James Duncan Davidson, Danny Coward (1999-12-17). Especificação Java Servlet ("Especificação") Versão: 2.2 Versão final. Sun Microsystems. pp. 43-46.

Jui, Y., Von Section, W., e Sandhoft, B:: "on Generating FCZ Fuzzy Rules Systes from Dels using Evolution Strategies", IEE Trans, on systems, man and Cybernetics - part B: Cybernetics 29 (1999).

Lai, M.L., Sheikh Obid, S. N., & Meera, A.-K. (2005). Tax practitioners and the Electronic Filing System: An empirical analysis. *Academy of Accounting and Financial Studies Journal, 9*(1), 93-109.

Lallmahamood, M. (2007). Um exame da perceção individual da segurança e da privacidade da Internet na Malásia e a sua influência na intenção de utilizar o comércio eletrónico: Using an extension of the Technology Acceptance Model. *Journal of Internet Banking and Commerce 12*(3), 1-26.

Larkin, L. I., "A Fussy Logic Controller For Aircraft Flight Control", em Industrial Applications Of Fusy Control, M. Sugeno (Ed), pp. 87-103, 1985.

Leong, L. (2003). Modelos teóricos na investigação em SI e o modelo de aceitação de tecnologia (TAM) *Tecnologias \& metodologias para avaliar a tecnologia da informação nas empresas* (pp. 131): IGI Publishing.

P.N njuguna etal Web Application and GPS Integration in Motor Vehicle Accident Detection - A Case of Nairobi, Kenya (Aplicação Web e Integração GPS na Deteção de Acidentes com Veículos Motorizados - Um Caso de Nairobi, Quénia).

Patcha e J.M. Park. "Uma visão geral das tecnologias de deteção de anomalias: soluções existentes e tendências tecnológicas mais recentes." Redes de computadores, (12): 3448 - 3470, 2007.

Abordagem modular. (n.d). Dicionário Techno-pedia.Recuperado em 17 de março de 2015, do site techopedia.com: http://www.techopedia.com/detinition/24 / / 1/modular.

Masrom, M. (2007). *Modelo de Aceitação de Tecnologia e E-learning.* Trabalho apresentado no 12º.

Conferência Internacional sobre Educação, Instituto de Educação Sultan Hassanal Bolkiah, Universiti Brunei Darussalam.

Md Noor, N. L., Hashim, M., Haron, H., & Ariffin, S. (2005). *Aceitação comunitária do sistema de partilha de conhecimentos nos sítios Web de viagens e turismo: aplicação de uma extensão do TAM.* Trabalho apresentado na Thirteenth European Conference on Information System.

Md Nor, K. (2008). Malay, Chinese and internet banking: Um estudo exploratório na Malásia. *Conferência Internacional sobre Negócios e Informação,* BAI 2008.

Mugenda, O. M., & Mugenda, A. G. (2003). Métodos de investigação. Quantitative and qualitative approaches.

Nairobi. Actos Press.

North, D.W. (1968). "Uma introdução tutorial à teoria da decisão". IEEE Transactions on Systems Science and Cybernetics **4** (3): 200-210. doi:10.1109/TSSC.1968.300114. Reimpresso em Shafer & Pearl. (Também sobre a teoria da decisão normativa).

Ndubisi, N. O. (2006). Factores de adoção da aprendizagem em linha: A comparative Juxtaposition of the Theory of Planned Behavior and the Technology Acceptance Model. *International Journal of E-Learning, 5*(4), 571-591.

O'Flaherty, Coleman A. (2002). Auto-estradas: The Location, Design, Construction & Maintenance of Road Pavements. Elsevier. ISBN 0-7506-5090-7.

Perez AS 2012 Open Layers Cookbook (Birmingham, Reino Unido: Packt Publishing).

Prototipagem rápida. (n.d.). Dicionário on-line gratuito de informática. Recuperado em 23 de março.

Swetz, F. e Hartzler, J.S. (Eds). (1991). Mathematical Modeling in the Secondary School Curriculum, NTCM.

Sadoun B e Saleh B (2010) A Geographic Information System (GIS) to Define Indicators for Development and Planning in Jordan Actas da Conferência Internacional de 2010 sobre Negócios Electrónicos (ICE-B) 1-7.

Wu, J. e I. Stojmenovic, Ad-hoc Networks. IEEE Computer, 2004: p. 2.

OMS: Prevenção da violência e das lesões; "Road safety in kenya", 2015.

Xie F 2010 Conceção e implementação de um sistema de gestão de auto-estradas baseado no WebGIS Journal of Networks 5(12) 1389-1392.

Xinkai Y, Jie S, Fengtao Y, Yongfeng D e Zhenchao D 2009 Estudo de um sistema inteligente de monitorização dos transportes públicos baseado em WebGIS Actas da Segunda Conferência Internacional de Redes Inteligentes e Sistemas Inteligentes (ICINIS) 78-8.

Yusoff NMRN, Shafri HZM, Muniandy R, and Wali IM (2014) Development of Obstacle Avoidance Technique in Web-based Geographic Information System for Traffic Management using Open Source Software Journal of computer science 10(8) 1259-1268.

Y. Jin, "Fuzzy modeling ofHigh - Fimensional Systems: Complexity Reductions and Interpretability Improvement" IEEE Trans on Fuzzy Systems, 2000.

Zhang H, Feng Z e Gao R (2011) Investigação e desenvolvimento de um sistema de decisão inteligente para a manutenção de auto-estradas com base em SIG Actas da revista Electronic and Mechanical Engineering and Information Technology (EMEIT) 1945-1948.

O'Flaherty, Coleman A. (2002). Auto-estradas: The Location, Design, Construction & Maintenance of Road Pavements. Elsevier. ISBN 0-7506-5090-7.

O. Cordon, F. Herrera, A Peregrin, "Applicability of the Fuzzy operators in the design ofFuzzy logic controller", Fuzzy sets and systems, 1997.

James Duncan Davidson, Danny Coward (1999-12-17). Especificação Java Servlet ("Especificação")
Versão: 2.2 Versão final. Sun Microsystems. pp. 43-46.

APÊNDICE A

PERGUNTA DOS CONDUTORES SÃO

Causas dos acidentes rodoviários e necessidade de um índice de segurança rodoviária dos condutores (DRSI) entre as partes interessadas

SECÇÃO A: *CAUSAS DOS ACIDENTES RODOVIÁRIOS*

1. Numa escala de 1 a 5, em que 1 = discordo totalmente, 2 = concordo, 3 = neutro, 4 = discordo, 5 = discordo totalmente, indique a sua concordância com as seguintes afirmações

Statements	Rating of agreement				
	1	2	3	4	5
Human error and careless driving are the main causes of road accidents in Kenya					
Bad weather conditions are the main causes of road accidents in Kenya					
Poor conditions of road are the main causes of road accidents in Kenya					
Mechanical problems are the main causes of road accidents in Kenya					

2. Assinale a opção correcta sobre as causas dos acidentes rodoviários quando: Concordo fortemente (1), Concordo (2), Não tenho a certeza (3), Discordo (4), Discordo fortemente (5)

Causes of road accidents	1	2	3	4	5
1) Driving while calling cause road accidents					
2) Overlapping in roads cause road accidents					

3) Unavailability of road signs and traffic control lights cause accidents					
4) Status of the road such as tarmacked or rough road cause road accidents					
5) Poor eyesight cause road accidents					
6) Drunken driving or intoxication is a cause of road accidents					
7) Heavy rains cause road accidents					
8) Speed limit contribute to road accidents					
9) Eating while Driving cause road accidents					

SECÇÃO B: *UTILIZAÇÃO DO SISTEMA*

3. Considere a seguinte descrição:

"Um sistema que pode armazenar os nomes dos condutores, o número da carta de condução, a classificação do condutor, o itinerário da operação, o tipo de veículo e o número de registo do automóvel. Esta informação será acedida pelo público e pelos agentes da autoridade através de uma plataforma Web e de uma plataforma móvel, respetivamente. Uma vez conhecido o número da carta de condução, pode mostrar pormenores sobre o índice de segurança rodoviária do condutor e o envolvimento em acidentes, bem como o tipo de veículo, privado ou PSV, e o itinerário".

Assinale, se for caso disso, a necessidade do sistema: concordo (1), concordo totalmente (2), não tenho a certeza (3), discordo (4), discordo totalmente (5).

	Agree	Strongly Agree	Not sure	Disagree	Strongly Disagree
1. Would you like to use such an application?					
2. Can the application reduce road accidents?					
3. Would you like to know more about the application?					
4. Would you like to use the service?					
5. Can the application be of benefit?					
6. Can you spend money to accesses the service.					
7. Being listed on such a service might associate me with illegal activities or crime if it is misused.*(drivers only)*					
8. I fear that making my personal details public is risky by using such an application *(drivers only)*					

APÊNDICE B

CÓDIGO-FONTE DA LÓGICA DE APLICAÇÃO

```php
<?php

$hold="";
//connection to the server and DB

include("config/config.php");

//isset button name to capture sign up details..
$target_dir = "uploads/";
$target_file = $target_dir . basename($_FILES["fileToUpload"]["name"]);
$uploadOk = 1;
$FileType = pathinfo($target_file,PATHINFO_EXTENSION);
// Check if image file is a actual image or fake image
if (isset($_POST["create"]))

{

  $check = filesize($_FILES["fileToUpload"]["tmp_name"]);
  if($check !== false) {
    $uploadOk = 1;
  } else {
    echo "File is not an image.";
    $uploadOk = 0;
  }
// Check if file already exists
if (file_exists($target_file)) {
  $uploadOk = 0;
```

```php
<?php


$hold="";
//connection to the server and DB


include("config/config.php");


//isset button name to capture sign up details..
$target_dir = "uploads/";
$target_file = $target_dir . basename($_FILES["fileToUpload"]["name"]);
$uploadOk = 1;
$FileType = pathinfo($target_file,PATHINFO_EXTENSION);
// Check if image file is a actual image or fake image
if (isset($_POST["create"]))


{


  $check = filesize($_FILES["fileToUpload"]["tmp_name"]);
  if($check !== false) {
    $uploadOk = 1;
  } else {
    echo "File is not an image.";
    $uploadOk = 0;
  }
// Check if file already exists
if (file_exists($target_file)) {
  $uploadOk = 0;
}
// Check file size
if ($_FILES["fileToUpload"]["size"] > 5000000) {
```

```php
    echo "<p style='color:red;'>Sorry, your file is too large.</p>";
    $uploadOk = 0;
}


        $place = $_POST['place'];

        $name = $_POST['name'];

        $yrsOfDriving = $_POST['yrsOfDriving'];

        $age = $_POST['age'];

        $route = $_POST['route'];

        $licenseno = $_POST['licenseno'];

        $impareness = $_POST['impareness'];

        $plateno = $_POST['plateno'];

        $vcategory = $_POST['vcategory'];

        $vtype = $_POST['vtype'];

        $aseverinty = $_POST['aseverinty'];



        //calcuations for driver safety index.

    $overSpeeding = $_POST['overSpeeding'];
        $drunkenDriving = $_POST['drunkenDriving'];
```

```php
$carelessDriving = $_POST['carelessDriving'];
$hittingPed = $_POST['wrongWay'];
$missingTheRoad = $_POST['obstruction'];
$missingTheLane = $_POST['bodyOut'];
$makingCalls = $_POST['calling'];
$hittingAnotherVehicle = $_POST['footpath'];
$causingJam = $_POST['others'];
$overloading = $_POST['overloading'];


// addition function


                    $dIndex =  $overSpeeding + $drunkenDriving + $carelessDriving +
$hittingPed + $missingTheLane + $missingTheRoad + $makingCalls +
$hittingAnotherVehicle + $causingJam + $overloading ;


$insert = mysqli_query

($con,"INSERT INTO driver
(place,name,yrsOfDriving,age,route,licenseno,impareness,image,plateno,vcategory,vtype,asev
erinity,dIndex)

VALUES

('$place','$name','$yrsOfDriving','$age','$route','$licenseno','$impareness','$target_file','
$plateno','$vcategory','$vtype','$aseverinty','$dIndex') ");

if (!$insert)
{
        echo"<center><p style='color:red;'>An Error has occured while saving
details</p></center>";
```

```php
		} else{

			echo"<center><p style='color:rgb(5, 59, 10); font-size:1.4em;'><span
class='glyphicon glyphicon-dashboard'></span> DRSI Sucessfuly Calculated <a
href='viewdrsi.php?license=$licenseno'>View Driver Index</a></p></center>";



		}


}

// Allow certain file formats
if($FileType != "jpg" && $FileType != "png" && $FileType != "jpeg"
&& $FileType != "gif" ) {
    echo "Note: only JPG, JPEG, PNG & GIF image files are allowed.";
    $uploadOk = 0;
}
// Check if $uploadOk is set to 0 by an error
if ($uploadOk == 0) {
// if everything is ok, try to upload file
} else {
    if (move_uploaded_file($_FILES["fileToUpload"]["tmp_name"], $target_file)) {
        echo "<p style='color:green;'>The file ". basename( $_FILES["fileToUpload"]["name"]).
" has been uploaded. </p>";
    } else {
        echo "<p style='color:red;'>Sorry, there was an error uploading your file.</p>";
    }
}

?>
```

```php
}
// Check file size
if ($_FILES["fileToUpload"]["size"] > 5000000) {
    echo "<p style='color:red;'>Sorry, your file is too large.</p>";
    $uploadOk = 0;
}

        $place = $_POST['place'];

        $name = $_POST['name'];

        $yrsOfDriving = $_POST['yrsOfDriving'];

        $age = $_POST['age'];

        $route = $_POST['route'];

        $licenseno = $_POST['licenseno'];

        $impareness = $_POST['impareness'];

        $plateno = $_POST['plateno'];

        $vcategory = $_POST['vcategory'];

        $vtype = $_POST['vtype'];

        $aseverinty = $_POST['aseverinty'];


        //calcuations for driver safety index.
```

```php
    $overSpeeding = $_POST['overSpeeding'];
        $drunkenDriving = $_POST['drunkenDriving'];
        $carelessDriving = $_POST['carelessDriving'];
        $hittingPed = $_POST['wrongWay'];
        $missingTheRoad = $_POST['obstruction'];
        $missingTheLane = $_POST['bodyOut'];
        $makingCalls = $_POST['calling'];
        $hittingAnotherVehicle = $_POST['footpath'];
        $causingJam = $_POST['others'];
        $overloading = $_POST['overloading'];


        // addition function



                $dIndex = $overSpeeding + $drunkenDriving + $carelessDriving +
$hittingPed + $missingTheLane + $missingTheRoad + $makingCalls +
$hittingAnotherVehicle + $causingJam + $overloading ;


        $insert = mysqli_query

        ($con,"INSERT INTO driver
(place,name,yrsOfDriving,age,route,licenseno,impareness,image,plateno,vcategory,vtype,asev
erinity,dIndex)

        VALUES

        ('$place','$name','$yrsOfDriving','$age','$route','$licenseno','$impareness','$target_file','
$plateno','$vcategory','$vtype','$aseverinty','$dIndex') ");

        if (!$insert)
```

```php
                {
                        echo"<center><p style='color:red;'>An Error has occured while saving
details</p></center>";


                } else{


                        echo"<center><p style='color:rgb(5, 59, 10); font-size:1.4em;'><span
class='glyphicon glyphicon-dashboard'></span> DRSI Sucessfuly Calculated <a
href='viewdrsi.php?license=$licenseno'>View Driver Index</a></p></center>";




                }


}


// Allow certain file formats
if($FileType != "jpg" && $FileType != "png" && $FileType != "jpeg"
&& $FileType != "gif" ) {
    echo "Note: only JPG, JPEG, PNG & GIF image files are allowed.";
    $uploadOk = 0;
}
// Check if $uploadOk is set to 0 by an error
if ($uploadOk == 0) {
// if everything is ok, try to upload file
} else {
    if (move_uploaded_file($_FILES["fileToUpload"]["tmp_name"], $target_file)) {
        echo "<p style='color:green;'>The file ". basename( $_FILES["fileToUpload"]["name"]).
" has been uploaded.</p>";
    } else {
        echo "<p style='color:red;'>Sorry, there was an error uploading your file.</p>";
    }
```

APÊNDICE C

Lei do Tráfego Cap 403 Leis do Quénia

	SECTION OF THE ACT OR RULE OF THE TRAFFIC RULES	NATURE OF OFFENCE	PENALTY
1.	Section 42(1) and 43(1)	Exceeding speed limit prescribed for class of vehicle:-	By 1 – 5 kph – 500 By 6-10 kph – 3000 By 11-15 kph - 6,000 By 16-20 - 10,000
2.	Sec 44(1), (2)	Drinks intoxicating liquor during any period of duty in connection with driving of a vehicle. A person giving	100,000
3.	Sec 61(1)	Except for the purpose of testing or repairing a motor vehicle no person shall be carried on the footboard, step, mudguards canopy roofing or elsewhere	10,000
4.	Sec 33(c)and 41	Driving a PSV while being unqualified	7,000
5.	Section 42(3), (4) and 43(1)	Exceeding speed limit of 50 kph or as prescribed by a traffic sign	

			By 1 – 5 kph – 500
			By 6-10 kph – 3000
			By 11-15 kph - 6,000
			By 16-20 - 10,000
6.	Rule 59A(1)	Driver using a mobile phone whil e vehicle is in motion	2,000
7.	Section 45A(1) and (2	Driving on or through a pavement or a pedestrian walkway	5,000
8.	Section 90(2)(a) and 94	Driving a vehicle on a footpath	5,000
9.	Section 53(1) and 67.	Causing obstruction by allowing a vehicle to remain in any position on the road so as to obstruct or cause inconvenience or to other traffic using the road.	10,000
10.	Sec 52(1)(b) and (2).	Failure of a driver to conform to the indications given by any traffic sign.	3,000
11.	Sec 52(1)(c) and (2)	Failure of a driver to stop when required to do so by a police officer in uniform	5,000
12.	Sec 52(1)(a) and 52(2)	Failure of a driver to obey any directions given, whether verbally or by signal, by a police officer in	3,000

		uniform, in the execution of their duty	
13.	Section 30(1) and (7)	Driving without a valid driving license endorsement in respect of the class of vehicle	7,000
14.	Rule 59A(1)	Driver using a mobile phone while vehicle is in motion	2,000
15.	Sec 33(c)and 41	Driving a PSV while being unqualified	7,000
16.	Sec 130C(1) and (3)	The driver of a PSV driver who lets an unauthorized person to drive	5,000
17.	Rule 130C(1) and (3)	Person who while not being the designated driver of a PSV drives the vehicle	5,000
18.	Sec 98(1) and 104	Unlicensed person driving or acting as a conductor of a PSV	5,000
19.	Sec 98(1) and 104	Owner or operator of PSV employing an unlicensed PSV driver or conductor	10,000
20.	Sec 103A(1) and (7)	Failure of a PSV driver or conductor to wear special badge and uniform	2,000

21.	Rule 65(f) and 72	The driver of a motor omnibus or matatu picking or setting down passengers in a place that is not authorized as a bus stop or terminal	3,000
22.	Sec 103(1) and (2)	Touting	3,000
23.	Rule 80	Travelling with part of the body outside moving vehicle	1,000
24.	Rule 68(1)(x) and 72	A passenger alighting or boarding any omnibus or matatu at a place which is not authorized as a bus stop or terminal	1,000
25.	Rule 54A	A person driving or operating a PSV with tinted windows or windscreen	2,000
26.	Sec 60(1) and 60(2)	Driver of Motor Cycle carrying more than one passenger	2000
27.	Sec 103B(1) and (7)	Motorcycle passenger riding without protective gear	1000

APÊNDICE D

BOLSA DE INVESTIGAÇÃO DA COMISSÃO NACIONAL PARA A CIÊNCIA, A INOVAÇÃO E A TECNOLOGIA (NACOSTI)

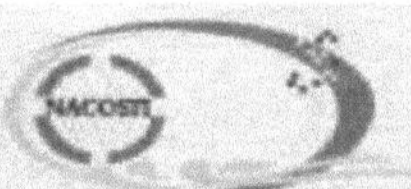

NATIONAL COMMISSION FOR SCIENCE, TECHNOLOGY AND INNOVATION

Telephone: +254-20-2213471,
2241349, 3310571, 2219420
Fax:+254-20-318245, 318249
Email:dg@nacosti.go.ke
Website: www.nacosti.go.ke
When replying please quote

9th Floor, Utalii House
Uhuru Highway
P.O. Box 30623-00100
NAIROBI-KENYA

Ref. No.
NACOSTI/RCD/ST&I/7TH CALL/MSc/319

Date:
25th April 2016

Makupi Daniel
Kabarakak University
Private bag-20157,
KABARAK.

RE: SCIENCE, TECHNOLOGY AND INNOVATION RESEARCH GRANT (MSc/MA)

I'm pleased to inform you that National Commission for Science, Technology and Innovation (NACOSTI) has awarded you a research grant for your **MSc/MA research proposal.**

The NACOSTI has approved an amount of Kenya shillings *Seventy Thousands only* **(Kshs 70,000)** towards your project titled *"Managing road carnage using a web based model for crime detection and confirmation."* Your awarded grant will be disbursed in one instalment.

Find the enclosed *Research Grant Contract Form (NACOSTI /ST&I/CONTRACT/FORM 1C)* that should be duly completed. In the contract form, provide clearly itemized yearly budget in the format provided and attach grant acceptance letter if you take up the offer.

Your duly signed contract form and acceptance letter should be sent back to reach us not later than **6th May 2016** for our further actions.

DR. MOSES K. RUGUTT, PhD, HSC.
DIRECTOR GENERAL.

cc: Vice Chancellor,
        Kabarak University

Printed by Books on Demand GmbH, Norderstedt / Germany